U0283830

WPS Office

办公软件应用标准教程

实战微课版　黄春风　赵盼盼◎编著

清华大学出版社
北京

内 容 简 介

本书以WPS Office 2019为写作平台，以普及办公技能为指导思想，用通俗易懂的语言对WPS Office这款主流的办公软件进行了详细阐述。

全书共13章，其内容涵盖了文字、表格和演示这三大组件的基础操作。其中涉及的知识点包括文档的自动化排版、图文混排的方法、数据报表的创建、数据的分析管理、演示文稿的设计、简单动画的添加以及放映演示文稿的方法等。

本书结构编排合理，所选案例贴合职场实际需求，可操作性强。案例讲解详细，一步一图，即学即用，适合零基础的职场人阅读与学习。

图书在版编目（CIP）数据

WPS Office办公软件应用标准教程：实战微课版 / 黄春风, 赵盼盼编著. —北京：清华大学出版社，2021.3
（2024.1 重印）
（清华电脑学堂）
ISBN 978-7-302-57070-7

Ⅰ.①W… Ⅱ.①黄… ②赵… Ⅲ.①办公自动化—应用软件—教材 Ⅳ.①TP317.1

中国版本图书馆CIP数据核字(2020)第251166号

责任编辑：袁金敏
封面设计：杨玉兰
责任校对：胡伟民
责任印制：曹婉颖

出版发行：清华大学出版社
　　　　　网　　址：https://www.tup.com.cn, https://www.wqxuetang.com
　　　　　地　　址：北京清华大学学研大厦A座　　邮　　编：100084
　　　　　社 总 机：010-83470000　　　　　　　邮　　购：010-62786544
　　　　　投稿与读者服务：010-62776969, c-service@tup.tsinghua.edu.cn
　　　　　质 量 反 馈：010-62772015, zhiliang@tup.tsinghua.edu.cn
印 装 者：三河市龙大印装有限公司
经　　销：全国新华书店
开　　本：185mm×260mm　　　印　　张：16　　　字　　数：435千字
版　　次：2021年4月第1版　　　　　　　　　　印　　次：2024年1月第6次印刷
定　　价：59.80元

产品编号：089000-01

前 言

首先，感谢您选择并阅读本书。

本书致力于为WPS Office学习者打造更易学的知识体系，让读者在轻松愉快的氛围内掌握WPS Office软件的常用技能，以便应用于实际工作中。

全书以理论与实际应用相结合的形式，从易教、易学的角度出发，全面、细致地介绍WPS Office三大组件的操作技巧，在讲解理论知识的同时，还设置了大量的**"动手练"**实例，以帮助读者进行巩固，每章结尾均安排**"案例实战"**及**"新手答疑"**板块，既培养了读者自主学习的能力，又提高了学习的兴趣和动力。

▌本书特色

● **理论+实操，实用性强**。本书为每个疑难知识点配备相关的实操案例，可操作性强，使读者能够学以致用。

● **结构合理，全程图解**。本书采用全程图解方式，让读者能够直观了解到每一步的具体操作。学习轻松，易上手。

● **手机办公，工作、生活两不误**。本书在每章结尾处安排"手机办公"板块，让读者在掌握计算机端办公技能外，还能够了解如何利用手机进行在线办公。让计算机、手机无缝衔接，享受随时随地在线办公的便捷。

▌丛书介绍

本套丛书以各类常用办公软件的应用为写作方向，以理论与实际应用相结合的形式，从易教、易学的角度出发，详细介绍办公软件的操作技能，让读者在掌握一定的基础操作外，能够举一反三地将所学技能运用到实际工作中，从而提升工作效率。全套丛书内容如下。

● 计算机网络组建与管理标准教程（实战微课版）

● Office办公软件应用标准教程——Word/Excel/PPT三合一（实战微课版）

● WPS Office办公软件应用标准教程（实战微课版）

● Project项目管理软件标准教程（全彩微课版）

● 计算机组装与维护标准教程（全彩微课版）

● 电脑常用工具软件标准教程（全彩微课版）

● 新手学电脑办公应用标准教程（全彩微课版）

● Visio绘图软件标准教程（全彩微课版）

● PPT办公应用标准教程——设计、制作、演示（全彩微课版）

● PPT多媒体课件制作标准教程（全彩微课版）

● Excel函数与公式标准教程（实战微课版）

● Excel财务与会计标准教程（实战微课版）

● Excel办公应用标准教程——公式、函数、图表与数据分析（实战微课版）

▌内容概述

全书共13章，各章内容如下。

篇	章	内 容 概 括
WPS文字应用篇	第1~4章	主要介绍WPS Office文字功能的应用，包括文档的基本操作、文档自动化排版、图文混排的方式、文档表格的应用等
WPS表格应用篇	第5~9章	主要介绍WPS Office表格功能的应用，包括电子表格的基本操作、数据的录入与分析、公式与函数的应用、图表的创建、报表的打印与保护等
WPS演示应用篇	第10~13章	主要介绍WPS Office演示功能的应用，包括演示文稿的基础操作、演示文稿页面的设计与美化、动画功能的应用、演示文稿的放映与输出等

▌附赠资源

● **案例素材及源文件**。附赠书中所用到的案例素材及源文件，方便读者学习实践，扫描图书封底的二维码即可下载。

● **扫码观看教学视频**。本书涉及的疑难操作均配有高清视频讲解，共50个，总时长近100分钟，可扫描二维码边看边学。

● **其他附赠学习资源**。附赠实用WPS Office办公模板700个，WPS Office常用快捷手册、Office办公学习视频100集、Office小技巧动画演示380个，可进QQ群（群号见本书资源下载资料包中）下载。

● **在线答疑**。作者团队具有丰富的实战经验，在学习过程中如有任何疑问，可加QQ群（群号见本书资源下载资料包中）与作者联系交流。

▌适合读者群

本书主要为电脑办公初、中级读者编写，适合以下读者学习使用：

● 办公文员、人事行政、办公文秘、公务员；

● 报表的制作、数据处理分析人员；

● 制作各类演示文稿的人员；

● 广大在校生及培训班学员。

本书在编写过程中力求严谨细致，但由于时间与精力有限，疏漏之处在所难免，望广大读者批评指正。

编 者

目 录

WPS 文字应用篇

文档中的表格应用

制作图文并茂的文档

WPS 表格应用篇

WPS表格基础操作

处理与分析数据

使用公式与函数

用图表展示数据

保护与打印数据表

WPS 演示基础操作

设计幻灯片元素

打造动画与交互效果

第13章

放映与输出演示文稿

WPS文字应用篇

第1章
WPS文字基础应用

　　无论是工作还是生活上，都离不开文档的使用。WPS文字最基本的用途就是用来存储文本，在学习WPS文字功能之前，用户需要先掌握其基础应用。本章将对WPS文字的创建、保存、文本格式的设置以及页面背景的设置等进行全面介绍。

W 1.1 文档的基础操作

WPS文字的基础操作包括创建文档、输入文本、保存文档等，只有打下坚实的基础，才能更有利于后面的学习。

█ 1.1.1 创建文档

在制作文档之前，首先要创建一个文档。用户可以根据需要创建空白文档，或者创建模板文档。

1. 创建空白文档

创建空白文档的方法有多种，双击"WPS快捷方式"图标，打开"首页"界面，单击"新建"标签选项，或单击"新建"按钮，如图1-1所示。进入"新建"界面，在界面上方选择"文字"选项，然后单击下方的"新建空白文档"按钮，如图1-2所示，即可创建一个名为"文字文稿1"的空白文档。

图 1-1

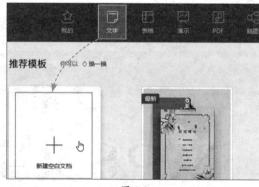

图 1-2

此外，创建一个空白文档后，使用【Ctrl+N】组合键可以继续创建空白文档，如图1-3所示。或者单击"文件"右侧下拉按钮，在弹出的列表中选择"文件"选项，并从级联菜单中选择"新建"选项，如图1-4所示，即可以继续创建空白文档。

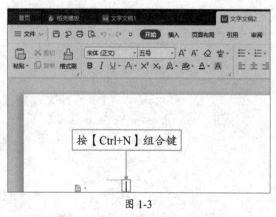

图 1-3

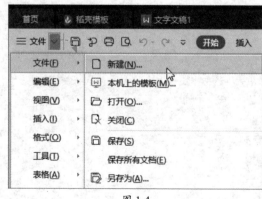

图 1-4

2. 创建模板文档

WPS还为用户提供了许多精美的模板文档，只需要在"新建"界面中，直接搜索需要的模板类型，如图1-5所示，选择并下载合适的模板即可。或者在"品类专区"选择需要的模板类型，进行相关下载，如图1-6所示。

图 1-5

图 1-6

注意事项 WPS提供的模板文档，大多需要注册稻壳会员才能免费使用，不过用户可以搜索免费模板，登录账号就可以下载使用。

1.1.2 输入文本

创建文档的目的是在文档中输入文本内容，除了输入普通文本外，用户也可以根据需要输入特殊符号和公式等。

1. 输入普通文本

输入文本很简单，将光标插入到文档中，按【Shift】键，切换中文输入法，输入中文，切换英文输入法，输入英文，也可以通过键盘直接输入数字或日期，如图1-7所示。按【Enter】键，在下一行继续输入文本。

在文档页面任意位置双击，即可将光标插入到所选位置处，输入文本即可。

图 1-7

2. 输入特殊符号

一些普通符号，用户可以直接使用键盘进行输入，如果需要输入版权符号"©"，或已注册符号"®"等特殊符号，则可在"插入"选项卡中单击"符号"下拉按钮，选择"其他符号"选项，打开"符号"对话框，在"特殊字符"选项卡中选择相应的符号，单击"插入"按钮，如图1-8所示。即可插入特殊字符。

用户也可在搜狗工具栏上右击，在弹出的快捷菜单中选择"表情&符号"选项，在级联菜单中选择"符号大全"选项，弹出"符号大全"对话框，在"特殊符号"选项卡中选择需要的符号即可，如图1-9所示。

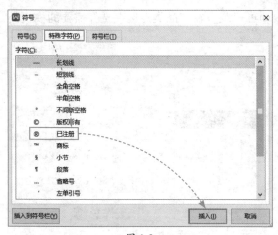

图 1-8

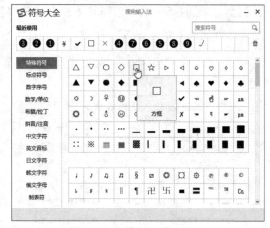

图 1-9

选择输入的英文，使用【Shift+F3】组合键，可以在"大写""小写"和"首字母大写"之间来回切换。

3. 输入公式

当制作像试卷、论文等这样的文档时，有时需要输入公式，一些复杂的公式可以通过"公式编辑器"来输入。在"插入"选项卡中，单击"公式"按钮，打开"公式编辑器"对话框，通过上方的面板，辅助输入公式的符号和结构，如图1-10所示。输入好公式后关闭对话框，即可将输入的公式插入到文档中。

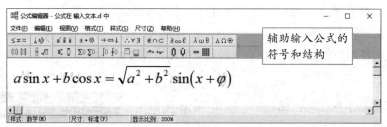

图 1-10

1.1.3 保存文档

创建好文档后，用户要及时对文档进行保存，防止断电、计算机死机等情况发生，从而造成数据丢失。

1. 保存新建文档

新建一个空白文档后，单击"保存"按钮，或单击"文件"按钮，在弹出的列表中选择"保存"选项，如图1-11所示。打开"另存为"对话框，设置文档的保存位置、文件名和文件类型，单击"保存"按钮即可，如图1-12所示。

在文档中输入内容时，要经常使用【Ctrl+S】组合键，及时保存，防止数据意外丢失。

| 图1-11 | 图1-12 |

2. 备份文档

将文档进行备份的好处是，当原文档丢失时，可以使用备份文档。单击"文件"按钮，在弹出的列表中选择"备份与恢复"选项，在级联菜单中选择"备份中心"选项，如图1-13所示。弹出"备份中心"窗格，单击"设置"按钮，在右边区域设置备份模式、备份保存周期和本地备份存放的磁盘，如图1-14所示。设置好后关闭窗格即可。

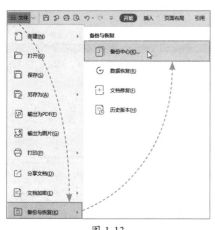

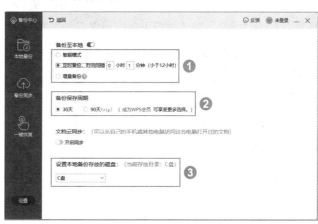

| 图 1-13 | 图 1-14 |

知识点拨

当用户需要查看备份文档时，需要在"备份中心"窗格中，选择"本地备份"选项，在此选项中进行查看。

动手练 下载并保存文档

扫码看视频

WPS本身自带一个稻壳商城，如图1-15所示。用户可以在此商城中搜索并下载需要的模板类型，然后将模板保存为兼容模式，确保其在Word中也能打开。

图 1-15

启动WPS软件后，打开"稻壳商城"选项卡，单击"搜索"框左侧下拉按钮，在列表中选择"文档"选项，然后在搜索框中输入"免费模板"，单击"搜索"按钮，在界面下方搜索出免费模板类型，在需要的模板类型上单击"免费下载"按钮，进入下载界面，在右侧单击"立即下载"按钮，如图1-16所示。登录账号后，即可将模板下载下来。

下载模板后单击"保存"按钮，打开"另存为"对话框，设置保存位置和文件名，单击"文件类型"下拉按钮，在列表中选择"Microsoft Word 97-2003 文件（*.doc）"选项，如图1-17所示。单击"保存"按钮，即可将模板保存为兼容模式。

图 1-16

图 1-17

1.2 设置文本格式

在文档中输入文本后，还需要对文档内容进行整理和美化，例如，设置字体格式、设置段落格式、设置项目符号和编号，若需要查看或修改具有共同性的文本时，可以使用查找和替换功能。

1.2.1 设置字体格式

字体格式是对文本最基本的格式设置。字体格式包括字体、字号、字体颜色、字符间距、字形等。在"开始"选项卡中可以对字体格式进行设置，如图1-18所示。

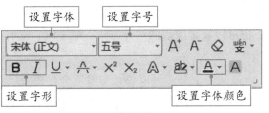

图 1-18

此外，在"开始"选项卡中单击"字体"对话框启动器按钮，打开"字体"对话框，在"字体"选项卡中也可以设置文本的字体、字形、字号、字体颜色等，如图1-19所示。

在"字符间距"选项卡中，可以设置字符的间距值，如图1-20所示。

图 1-19

图 1-20

知识点拨

用户通过快捷键也可以调整字体的大小。选中文本，使用【Ctrl+] 】组合键可增大字号，使用【Ctrl+ [】可减小字号。

1.2.2 设置段落格式

为文档设置段落格式，可以让文档页面看起来更舒适。段落格式包括段落的对齐方式、缩进值、行间距等。在"开始"选项卡中可以设置段落格式，如图1-21所示。

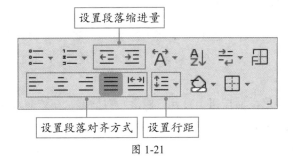

图 1-21

此外，在"开始"选项卡中单击"段落"对话框启动器按钮，打开"段落"对话框，在"缩进和间距"选项卡中，也可以设置段落的对齐方式、缩进值、段前和段后间距、行距等，如图1-22所示。

WPS自带文字工具，通过文字工具，可以快速对段落进行相关设置。在"开始"选项卡中单击"文字工具"下拉按钮，在列表中选择"段落首行缩进2字符"选项，如图1-23所示，可以快速为段落设置首行缩进。

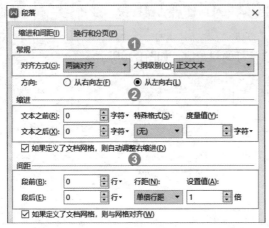

图 1-22

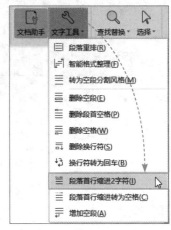

图 1-23

动手练 设置标题格式

一般文档中的内容分为标题和正文，在文档中输入内容后，标题和正文一样默认显示"宋体""五号"，如图1-24所示。为了区分标题和正文，用户需要设置标题的字体格式和段落格式，如图1-25所示。

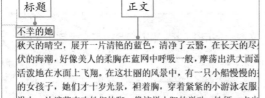

图 1-24

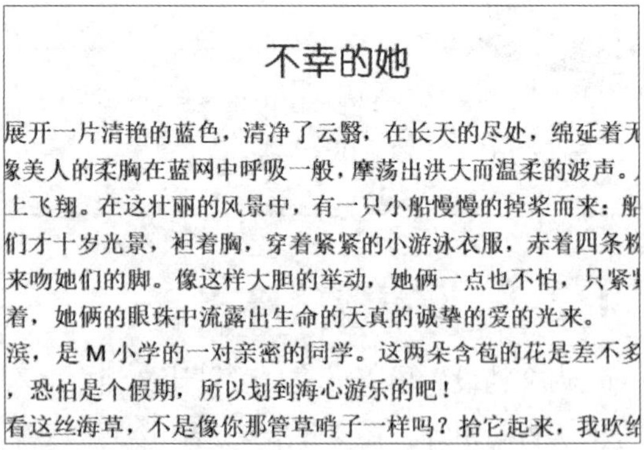

图 1-25

选择标题文本，在"开始"选项卡中将"字体"设置为"幼圆"，将"字号"设置为"三号"，将"字体颜色"设置为"矢车菊蓝，着色1，深色25%"，然后加粗显示，如图1-26所示。

单击"段落"对话框启动器按钮，打开"段落"对话框，在"缩进和间距"选项卡中，将"对齐方式"设置为"居中对齐"，将"段后"间距设置为"0.5行"，如图1-27所示，单击"确定"按钮即可。

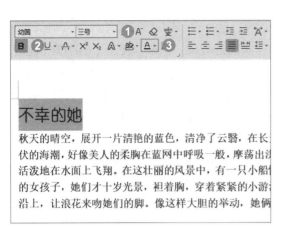

图 1-26 　　　　　　　　　　　　　　　　图 1-27

1.2.3　查找与替换

一篇长文档中，若包含多个相同或具有共性的文本，用户可以使用查找替换功能，进行查看或修改。

1. 查找文本

如果发现文档中的文本输入有误，要想知道其他相同文本是否也输入错误，可以使用查找功能进行查看。在"开始"选项卡中单击"查找替换"下拉按钮，在列表中选择"查找"选项，打开"查找和替换"对话框，打开"查找"选项卡，在"查找内容"文本框中输入需要查找的文本，单击"查找上一处"或"查找下一处"按钮，进行查看。

用户若想将查找的内容突出显示，可以单击"突出显示查找内容"下拉按钮，在列表中选择"全部突出显示"选项，如图1-28所示。查找的内容会高亮显示，如图1-29所示。

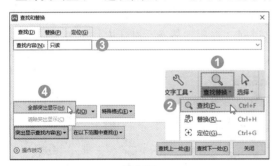

图 1-28 　　　　　　　　　　　　　　图 1-29

知识点拨

在"查找和替换"对话框中单击"高级搜索"按钮，在展开的选项中，可以设置查找条件、搜索范围等，如图1-30所示。

图 1-30

2. 替换文本

查找到错误的文本后，用户可以使用"替换"功能进行统一修改。使用【Ctrl+H】组合键，打开"查找和替换"对话框，在"替换"选项卡的"查找内容"文本框中输入需要修改的内容，在"替换为"文本框中输入正确的文本，单击"全部替换"按钮，弹出一个窗格，提示完成几处替换，单击"确定"按钮，如图1-31所示，就可以将错误的文本修改成正确的文本。

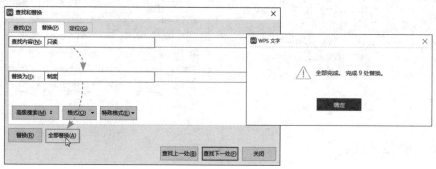

图 1-31

3. 替换格式

除了可以查找替换文本外，在"查找和替换"对话框中还可以查找替换文本格式。例如，将格式是"黑体""小四"的文本，替换为"微软雅黑""五号""加粗"。

使用【Ctrl+H】组合键打开"查找和替换"对话框，在"替换"选项卡中，将光标插入到"查找内容"文本框中，单击"格式"下拉按钮，从列表中选择"字体"选项，打开"查找字体"对话框，在"字体"选项卡中，将"中文字体"设置为"黑体"，"字形"设置为"常规"，"字号"设置为"小四"，如图1-32所示。单击"确定"按钮。

接着将光标插入到"替换为"文本框，单击"格式"按钮，选择"字体"选项，打开"替换字体"对话框，将"中文字体"设置为"微软雅黑"，"字形"设置为"加粗"，"字号"设置为"五号"，如图1-33所示。单击"确定"按钮，返回"查找和替换"对话框，单击"全部替换"按钮即可。

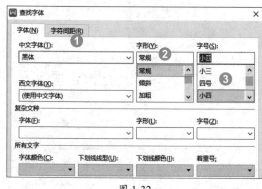

图 1-32

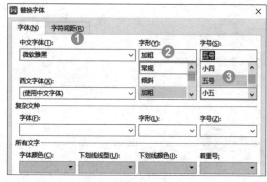

图 1-33

1.2.4 设置项目符号和编号

为段落添加项目符号，可以使文档更有层次。为段落添加编号，可以使内容更有条理性。

1. 设置项目符号

选择需要添加项目符号的段落，在"开始"选项卡中单击"项目符号"下拉按钮，在弹出的列表中选择合适的预设项目符号即可，如图1-34所示。

另外，如果想要自定义项目符号的样式，可以在列表中选择"自定义项目符号"选项，打开"项目符号和编号"对话框，在"项目符号"选项卡中选择任意一个符号样式，单击"自定义"按钮，在打开的"自定义项目符号列表"对话框中设置项目符号的样式，如图1-35所示。

图 1-34　　　　　　　　　　　　　　　图 1-35

2. 设置编号

选择需要添加编号的段落，在"开始"选项卡中单击"编号"下拉按钮，在弹出的列表中选择合适的编号样式即可，如图1-36所示。

如果用户想要自定义编号样式，可以在列表中选择"自定义编号"选项，打开"项目符号和编号"对话框，在"编号"选项卡中选择任意一个编号样式，单击"自定义"按钮，在打开的"自定义编号列表"对话框中设置编号的格式和样式，如图1-37所示。

图 1-36　　　　　　　　　　　　　　　图 1-37

知识点拨

在"自定义项目符号列表"对话框中单击"字符"按钮，在打开的"符号"对话框中选择需要的符号，单击"字体"按钮，在打开的对话框中可以设置符号的大小和颜色。

动手练 为节目单添加编号

公司年会或春晚都有节目单，节目单上罗列了需要表演的曲目，如图1-38所示。通常会为表演曲目添加编号，这样可以使整个节目单一目了然，如图1-39所示。

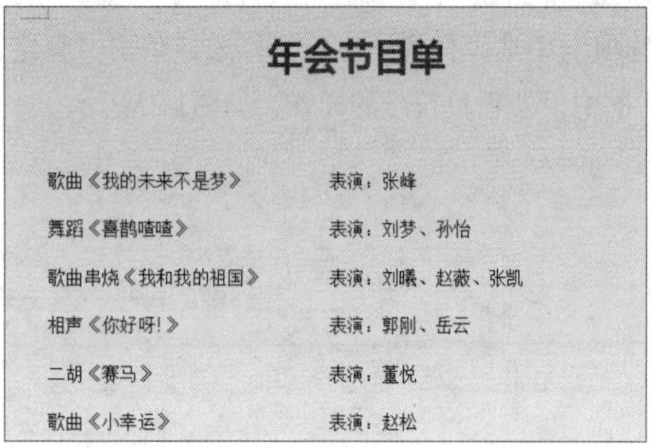

图 1-38

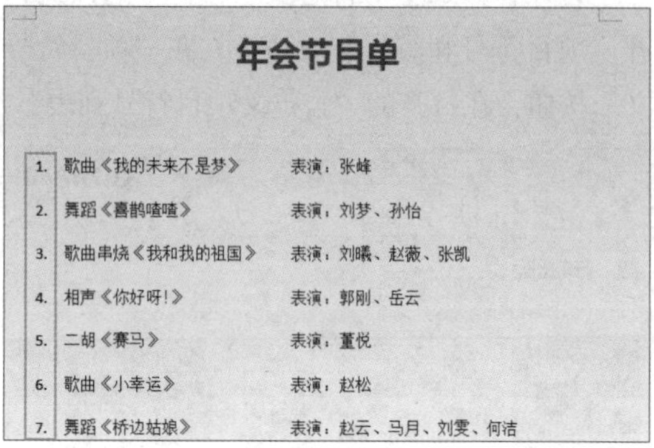

图 1-39

选择需要添加编号的曲目，在"开始"选项卡中单击"编号"下拉按钮，从列表中选择合适的编号样式，如图1-40所示，即可为所选曲目添加编号，如图1-41所示。

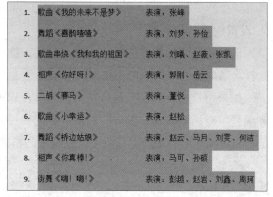

图 1-40

图 1-41

W 1.3 设置版式与背景

版式主要是设置合并字符、双行合一和字符缩放。而为文档页面设置背景主要起到美化文档的作用。

▌1.3.1 设置中文版式

中文版式主要用来定义中文与混合文字的版式，包括合并字符、双行合一和字符缩放。

1. 合并字符

合并字符是将选中的字符，按照上下两排的方式进行显示，显示所占据的位置，以一行的高度为基准。

选择需要合并的文本，在"开始"选项卡中单击"中文版式"下拉按钮，从列表中选择

"合并字符"选项，打开"合并字符"对话框，设置合并的文字、字体、字号选项，如图1-42所示。

图 1-42

2. 双行合一

如果用户需要在一行里显示两行文字，则可以使用"双行合一"功能。选择要双行显示的文本，在"开始"选项卡中单击"中文版式"下拉按钮，从弹出的列表中选择"双行合一"选项，打开"双行合一"对话框，在"文字"框中可以修改已选择的文字，如果需要可以勾选"带括号"复选框，如图1-43所示，单击"确定"按钮。

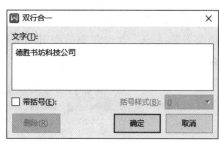

图 1-43

注意事项 使用双行合一后，为了适应文档，双行合一的文本字号会自动缩小，用户可以根据需要设置双行合一的文本字体格式。

3. 字符缩放

字符缩放可以设置字符的缩放比例，缩放比例越小，字符则显得越窄；缩放比例越大，字符则显得越宽。选择文本，在"开始"选项卡中单击"中文版式"下拉按钮，从弹出的列表中选择"字符缩放"选项，从其级联菜单中可以设置缩放比例，如图1-44所示。

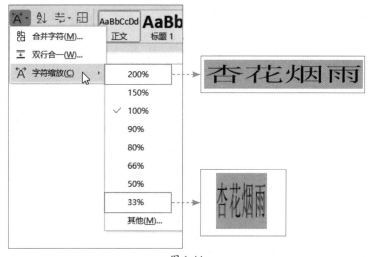

图 1-44

知识点拨

当需要删除设置的双行合一效果时，需要选择双行合一的文本，打开"双行合一"对话框，直接单击"删除"按钮即可。

1.3.2 设置填充背景

WPS文档页面默认的背景颜色是白色，用户可以根据需要为页面设置纯色背景、渐变背景、纹理背景、图案背景以及图片背景。

打开"页面布局"选项卡，单击"背景"下拉按钮，从列表中选择合适的颜色，作为文档页面的纯色背景，如图1-45所示。

在"背景"列表中选择"图片背景"选项，可以为文档页面填充一个图片背景，选择"其他背景"选项，在级联菜单中可以为文档页面设置渐变背景、纹理背景和图案背景，如图1-46所示。

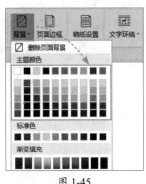

图 1-45　　　　　　　　　　　　　　图 1-46

1.3.3 设置水印效果

水印是位于文档背景中的文本或图片，用来防止他人盗用或复制文档内容。在"插入"选项卡中单击"水印"下拉按钮，从列表中可以选择系统提供的预设水印样式，如图1-47所示。

如果用户想要自定义水印样式，可以在列表中选择"插入水印"选项，打开"水印"对话框，在该对话框中可以自定义"图片水印"和"文字水印"，如图1-48所示。

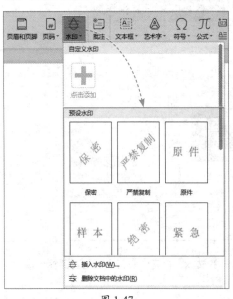
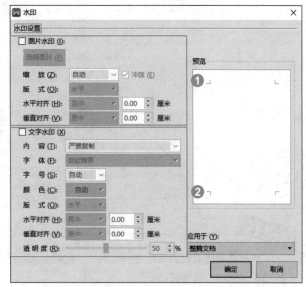

图 1-47　　　　　　　　　　　　　　图 1-48

动手练 制作图片水印

不论是图片还是视频，人们都可添加属于自己的水印。这样做的目的是防止他人随意盗用，为文档添加一个图片水印，如图1-49所示，也能起到相同的作用。

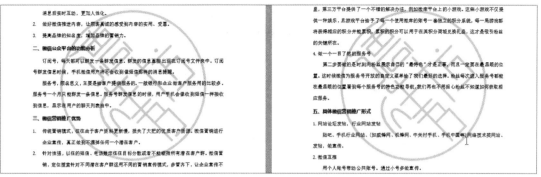

图 1-49

打开"插入"选项卡，单击"水印"下拉按钮，从弹出的列表中选择"点击添加"选项，如图1-50所示。

图 1-50

打开"水印"对话框，勾选"图片水印"复选框，单击"选择图片"按钮，在弹出的对话框中选择一个作为水印的图片，然后设置水印的"缩放""版式""水平对齐"和"垂直对齐"，如图1-51所示。设置好后单击"确定"按钮。

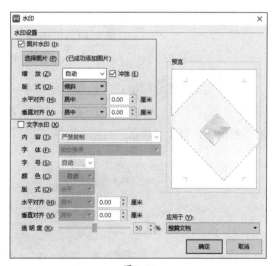

图 1-51

接着再次单击"水印"下拉按钮，在列表中的"自定义水印"区域，选择自定义的图片水印，即可为文档添加一个图片水印。

案例实战：制作公众号运营策划方案

在日常生活中，大家可能会关注各种类型的公众号，但很少人知道公众号是如何运营的，下面就利用本章所学知识，制作公众号运营策划方案，如图1-52所示。

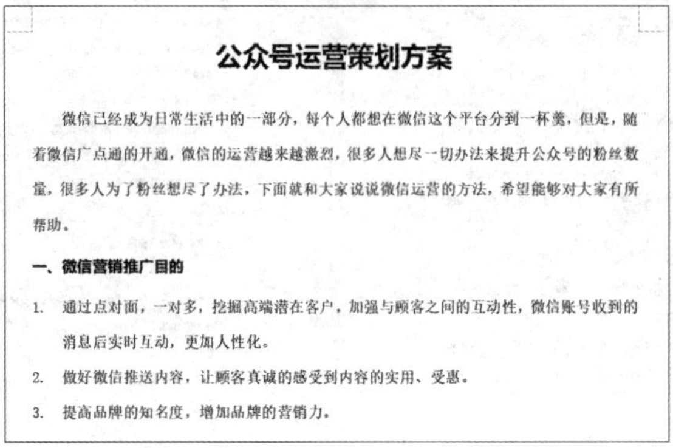

图 1-52

Step 01 新建文档。右击，使用弹出的快捷菜单新建一个空白文档，命名为"公众号运营策划方案"，打开该文档，在文档中输入或复制相关内容，如图1-53所示。

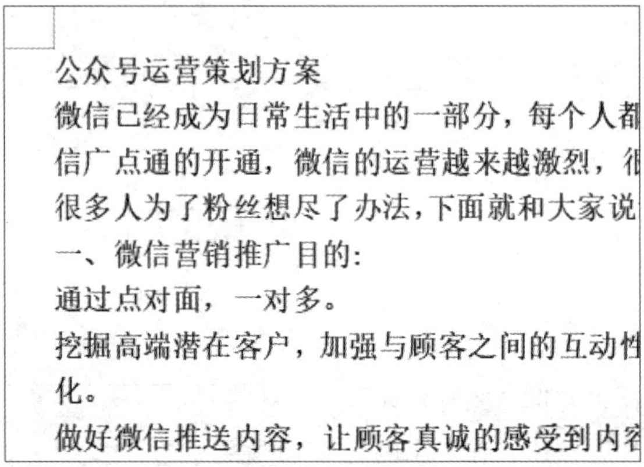

图 1-53

Step 02 设置标题格式。选择标题文本，在"开始"选项卡中，将"字体"设置为"微软雅黑"，将"字号"设置为"小二"，加粗显示，并设置为"居中对齐"。单击"段落"对话框启动器按钮，打开"段落"对话框，将"段后"间距设置为"1行"，如图1-54所示。

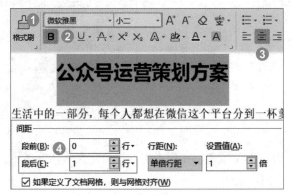

图 1-54

Step 03 设置正文格式。选择所有正文内容，在"开始"选项卡中，将"字体"设置为"宋体"，"字号"设置为"五号"，打开"段落"对话框，将"行距"设置为"1.5倍行距"，如图1-55所示。

Step 04 选择正文中的小标题，将字体设置为"微软雅黑"，字号设置为"五号"，加粗显示。为需要的段落设置"首行缩进2字符"，如图1-56所示。

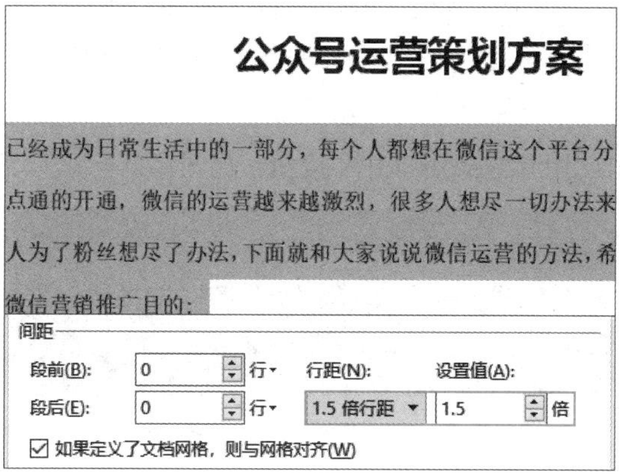

图 1-55

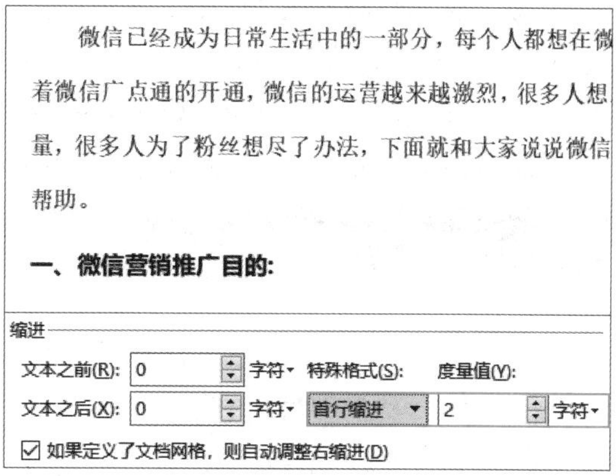

图 1-56

Step 05 添加编号。选择需要添加编号的段落，在"开始"选项卡中单击"编号"下拉按钮，从弹出的列表中选择需要的编号样式，如图1-57所示。

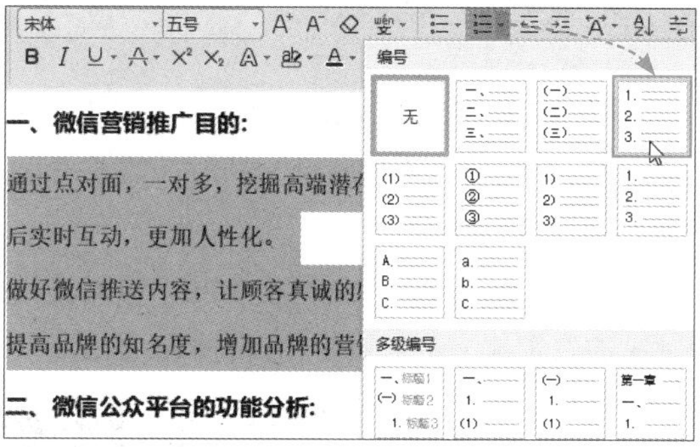

图 1-57

Step 06 替换内容。选择小标题后面的冒号，进行复制，使用【Ctrl+H】组合键，打开"查找和替换"对话框，在"查找内容"文本框中粘贴复制的冒号，"替换为"文本框中不输入任何内容，单击"全部替换"按钮，如图1-58所示，小标题后面的冒号就被统一删除了。

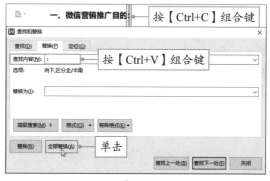

图 1-58

随着智能终端逐渐普及，人们对手机的依赖性越来越高，而办公软件也在向着这个方向发展，其中手机移动办公就是最杰出的代表。手机移动办公可以提高工作效率，随时随地进行办公。下面详细介绍如何用移动端WPS Office查看文档。

Step 01 用户需要在"应用市场"下载安装最新版本的WPS Office软件。例如，当别人通过QQ发来文档后，用户点击文档，默认使用QQ浏览器打开。如果用户想要使用WPS打开，可以点击文档上方的"…"按钮，如图1-59所示。

Step 02 在下方弹出一个面板，在面板中点击"用其他应用打开"按钮，如图1-60所示。

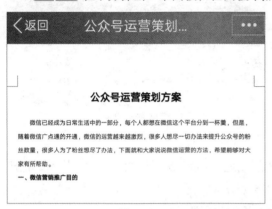

图 1-59

图 1-60

Step 03 再次弹出一个面板，选择"WPS Office"选项，如图1-61所示。如果选择"仅此一次"，则这一次就会使用WPS打开该文档，下次打开文档时，需要再次选择打开方式。如果选择"总是"，则每次打开文档时会默认以WPS打开。

Step 04 这里选择"仅此一次"，可以看到文档在WPS中以阅读模式打开，如图1-62所示。选择上方的"编辑"选项进入编辑模式，可以对文档进行修改编辑。

图 1-61

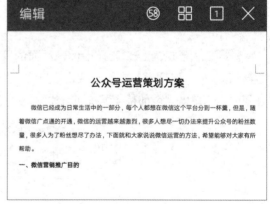

图 1-62

第2章
文档精致排版

　　版面对于文档来说至关重要，然而排版又是大多数人最为头疼的部分。掌握一些排版技巧，可以帮助用户又快又好地排版文档。本章将对WPS文字的分栏、页眉与页脚、分页与分节、样式、目录等的设置进行全面介绍。

2.1 设置分栏

分栏就是将文档中的文字内容拆分成两栏、三栏或更多栏，而且还可以控制栏宽和栏间距，从而使文档更具有灵活性。

2.1.1 分栏排版

WPS为用户内置了几种分栏，只需要在"页面布局"选项卡中，单击"分栏"下拉按钮，在列表中可以选择将文字内容设置为两栏或三栏，如图2-1所示。

其中，两栏与三栏表示将文字内容竖向平分为两列与三列。

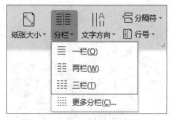

图 2-1

2.1.2 自定义分栏

当用户需要将文字内容分为四栏或更多栏，可以自定义分栏。在"页面布局"选项卡中单击"分栏"下拉按钮，在弹出的列表中选择"更多分栏"选项，打开"分栏"对话框，如图2-2所示。

在"栏数"数值框中设置需要分成的栏数。

在"宽度和间距"选项，设置栏宽和栏间距。默认情况下，各栏宽是相等的，用户可以根据版式需求设置不同的栏宽，只需要取消勾选"栏宽相等"复选框，重新设置各栏的宽度和间距即可。

如果需要在栏与栏之间添加一条竖线，用于区分栏与栏之间的界限。在"分栏"对话框中勾选"分隔线"复选框即可。

单击"应用于"下拉按钮，在弹出的列表中可以选择将分栏应用于整篇文档、插入点之后、所选文字、所选节等。

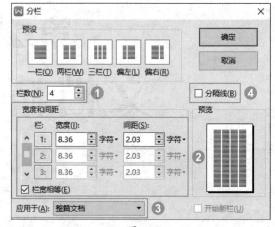

图 2-2

2.1.3 对部分文本分栏

一篇文档中，若需要将一部分文字内容分为两栏，将另一部分文字内容分为三栏，其余部分不分栏。可以选择需要分成两栏的文本，在"页面布局"选项卡中单击"分栏"下拉按钮，在弹出的列表中选择"两栏"选项，即可将选择的文本内容分成两栏，如图2-3所示。同样也可以选择其他文本，将其设置为三栏。

图 2-3

为文档设置分栏后，如果想要取消分栏，需要选择已设置分栏的文本，单击"分栏"下拉按钮，在弹出的列表中选择"一栏"即可。

扫码看视频

动手练 分栏排版《出师表》

对于文言文、古诗文这样的文档，用户可以为其进行分栏排版，如图2-4所示。便于阅读的同时，看起来也古色古香。

出师表

| 先帝创业未半而中道崩殂，今天下三分，益州疲弊，此诚危急存亡之秋也。然侍卫之臣不懈于内，忠志之士忘身于外者，盖追先帝之殊遇，欲报之于陛下也。 | 将军向宠，性行淑均，晓畅军事，试用之于昔日，先帝称之曰能，是以众议举 | 侍中、尚书、长史、参军，此悉贞良死节之臣，愿陛下亲之信之，则汉室之隆，可计日而待也。臣本布衣，躬耕于南阳，苟全性命于乱世，不求闻达于诸侯。先帝不 |

图 2-4

选择需要分栏的文本，在"页面布局"选项卡中单击"分栏"下拉按钮，在弹出的列表中选择"更多分栏"选项，如图2-5所示。

打开"分栏"对话框，在"栏数"数值框中输入"3"，取消勾选"栏宽相等"复选框，分别设置3个栏的"宽度"，然后勾选"分隔线"复选框，如图2-6所示。单击"确定"按钮，即可将所选文本分成宽度不同的3栏。

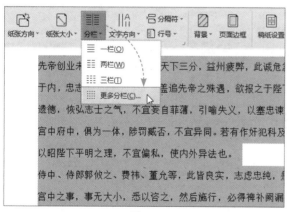

图 2-5

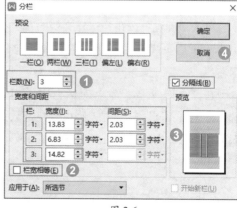

图 2-6

2.2 设置页眉与页脚

一些大型文档，例如，论文、合同、标书等，通常需要设置页眉和页脚，既方便浏览又使文档看起来整齐美观。

2.2.1 插入页眉和页脚

插入页眉和页脚其实很简单。只需要在"插入"选项卡中单击"页眉和页脚"按钮，页眉和页脚随即处于编辑状态，将光标插入到页眉或页脚中，输入相关内容即可，如图2-7所示。

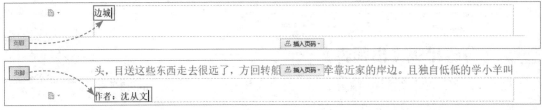

图2-7

此外，页眉页脚处于编辑状态后，会出现"页眉和页脚"选项卡，在该选项卡中，用户可以在页眉或页脚中插入"页码""页眉横线""日期和时间""图片""域"等，如图2-8所示。单击"关闭"按钮，即可退出编辑状态。

图2-8

2.2.2 编辑页眉和页脚

有的文档，首页不需要显示页眉和页脚，用户可以通过设置"首页不同"来删除首页的页眉页脚。在页眉上双击，如图2-9所示。进入编辑状态。

图2-9

在"页眉和页脚"选项卡中单击"页眉页脚选项"按钮，打开"页眉/页脚设置"对话框，勾选"首页不同"复选框，如图2-10所示。单击"确定"按钮，这样文档的首页将不再显示页眉页脚，而其他页的页眉页脚依然存在。

在"页眉/页脚设置"对话框中，如果勾选"奇偶页不同"复选框，则可以在奇数页和偶数页输入不同的页眉页脚，如图2-11所示。

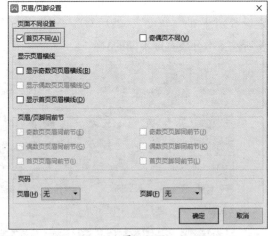

图2-10

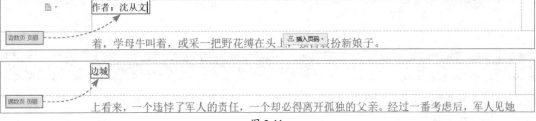

图 2-11

2.2.3 插入页码

对于长篇文档来说，为了方便浏览和查找，可以为其添加页码。在"插入"选项卡中单击"页码"下拉按钮，在弹出的列表中可以选择预设的页码样式，如图2-12所示。或者选择"页码"选项，弹出"页码"对话框，在该对话框中可以设置页码的样式、位置、页码编号、应用范围等，如图2-13所示。单击"确定"按钮，即可插入页码。

图 2-12

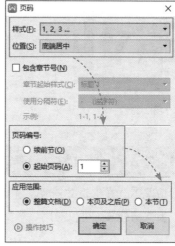

图 2-13

动手练 **在页眉位置插入Logo图片**

通常标书、项目计划书等文档，会在首页的页眉处插入一个公司Logo，如图2-14所示，这样可以起到宣传公司形象的作用。

图 2-14

在页眉处双击进入编辑状态，光标自动插入到页眉中。在"页眉和页脚"选项卡中单击"图片"下拉按钮，在弹出的列表中选择"本地图片"选项，如图2-15所示。打开"插入图片"对话框，从中选择Logo图片，单击"打开"按钮，如图2-16所示，即可将图片插入到页眉中。将图片调整到合适大小，然后调整图片位置，接着将光标插入到图片后面，输入公司名称即可，最后单击"关闭"按钮，退出编辑状态。

图 2-15

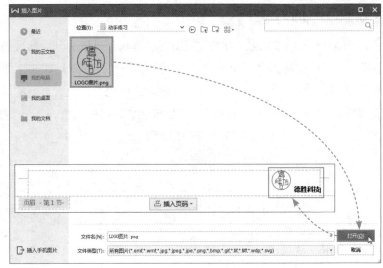

图 2-16

2.3 设置分页与分节

通常情况下，在编辑文档时系统会自动分页。用户也可以通过插入分页符，在指定位置强制分页。为文档分节，可以对同一个文档中的不同区域采用不同的排版方式。

2.3.1 设置分页

为文档分页的好处就是，在分页符之前，无论是增加或删除文本，都不会影响分页符之后的内容。将光标插入到需要分页的位置，在"插入"选项卡中单击"分页"下拉按钮，在弹出的列表中选择"分页符"选项，如图2-17所示。此时，光标之后的文本会另起一页显示，如图2-18所示。

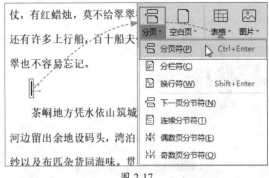

图 2-17

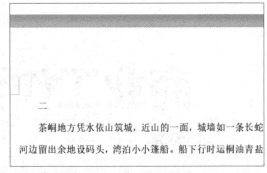

图 2-18

此外，将光标插入到需要分页的位置。在"页面布局"选项卡中单击"分隔符"下拉按钮，在弹出的列表中选择"分页符"选项，或使用【Ctrl+ Enter】组合键，如图2-19所示，也可以为文档分页。

图 2-19

> **知识点拨**
>
> 分栏符：选择该选项，文档中的文字会以光标为分界线，光标之后的文档将从下一栏开始显示。换行符：选择该选项，可以使文档中的文字以光标为基准进行分行。同时，该选项也可以分割网页上对象周围的文字，如分割题注文字与正文。

2.3.2 设置分节

将光标插入到需要分节的位置，打开"插入"选项卡，单击"分页"下拉按钮，在弹出的列表中选择"下一页分节符"选项，如图2-20所示，即可在光标处对文档进行分节。分节符之后的文本将会另起一页，并以新节的方式显示，如图2-21所示。

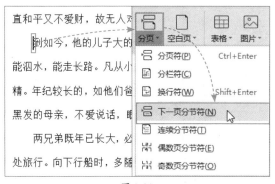

图 2-20 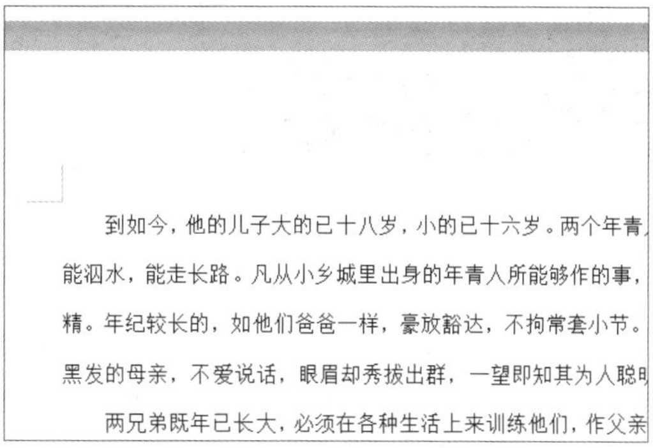　　　　　　　　　　　　　　　图 2-21

在"分页"列表中还包含连续分节符、偶数页分节符、奇数页分节符。

- **连续分节符**：使当前节与下一节共存于同一页面中。可以在同一页面的不同部分共存的不同节格式，包括列数、左、右页边距和行号。
- **偶数页分节符**：使新的一节自下一个偶数页开始。如果下一页是奇数页，那么此页将保持空白。
- **奇数页分节符**：使新的一节自下一个奇数页开始。如果下一页是偶数页，那么此页将保持空白。

> **知识点拨**
>
> 在"开始"选项卡中，单击"显示/隐藏编辑标记"下拉按钮，在弹出的列表中勾选"显示/隐藏段落标记"选项，可以查看插入的分节符标记，如图2-22所示。
>
>
>
> 这样一个代替者。那时他还只五十岁，为人既明事明理，正龄怀疑。　　　　分节符(下一页)
>
> 图 2-22

动手练 制作淘宝运营计划书封面

制作好淘宝运营计划书后，发现需要为文档添加一个封面，这时可通过分节功能，为文档制作一个封面页，如图2-23所示。

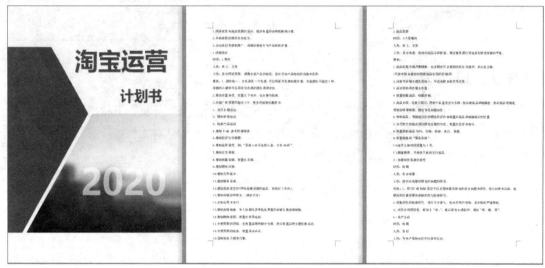

图 2-23

将光标插入到第一页文本起始处，打开"插入"选项卡，单击"分页"下拉按钮，在弹出的列表中选择"下一页分节符"选项，如图2-24所示，即可在光标前面插入一页空白页。在空白页中输入标题文本，插入相关图片，设计封面，如图2-25所示。

图 2-24   图 2-25

2.4 使用样式

样式就是文字格式和段落格式的集合。在编排重复格式时反复套用样式，可以避免对内容进行重复的格式化操作。

2.4.1 新建样式

虽然WPS内置了几种标题样式，但用户可以根据需要新建一个样式。在"开始"选项卡中单击"新样式"下拉按钮，在弹出的列表中选择"新样式"选项，打开"新建样式"对话框。

在该对话框中设置样式的"名称""样式类型""样式基于""后续段落样式"。

接着单击"格式"按钮，在弹出的列表中选择"字体"选项，在"字体"对话框中设置样式的字体格式。在"格式"列表中选择"段落"选项，在打开的"段落"对话框中设置样式的段落格式，如图2-26所示。

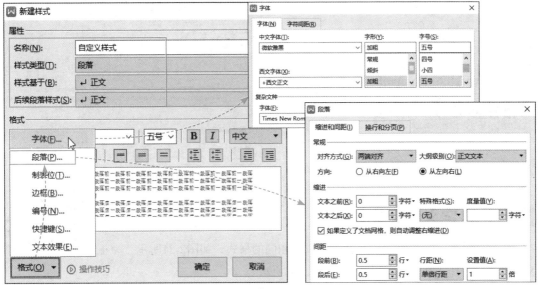

图 2-26

2.4.2 应用样式

新建好样式后，用户可以为文本套用样式。选择需要应用样式的文本，在"开始"选项卡中单击"样式"下拉按钮，如图2-27所示。在弹出的列表中选择自定义样式，如图2-28所示，即可将所选样式应用到文本上。

此外，用户也可以在"样式"列表中选择内置的标题样式，直接为文本套用样式。

图 2-27

图 2-28

知识点拨

如果需要删除新建的样式，可以在样式上右击，在弹出的快捷菜单中选择"删除样式"选项即可。

2.4.3 修改样式

如果用户需要对样式进行修改，可以在样式上右击，在弹出的快捷菜单中选择"修改样式"选项，如图2-29所示。在打开的"修改样式"对话框中，对样式的字体格式和段落格式等，进行相关修改即可，如图2-30所示。

图 2-29

图 2-30

动手练 自定义正文样式

一篇文档中，如果需要为正文统一设置相同的格式，如图2-31所示。为正文自定义一个样式并直接套用即可，如图2-32所示。

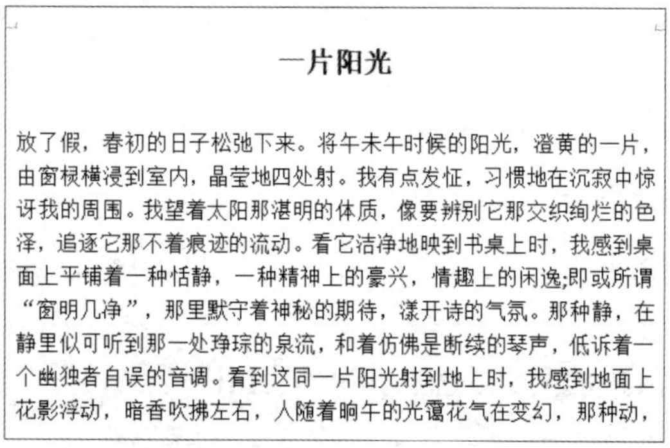

一片阳光

放了假，春初的日子松弛下来。将午未午时候的阳光，澄黄的一片，由窗棂横浸到室内，晶莹地四处射。我有点发怔，习惯地在沉寂中惊讶我的周围。我望着太阳那湛明的体质，像要辨别它那交织绚烂的色泽，追逐它那不着痕迹的流动。看它洁净地映到书桌上时，我感到桌面上平铺着一种恬静，一种精神上的豪兴，情趣上的闲逸；即或所谓"窗明几净"，那里默守着神秘的期待，漾开诗的气氛。那种静，在静里似可听到那一处琤琮的泉流，和着仿佛是断续的琴声，低诉着一个幽独者自误的音调。看到这同一片阳光射到地上时，我感到地面上花影浮动，暗香吹拂左右，人随着响午的光霭花气在变幻，那种动，

图 2-31

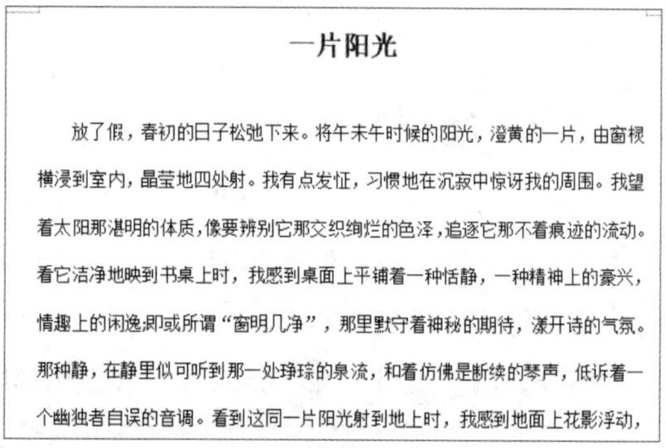

一片阳光

放了假，春初的日子松弛下来。将午未午时候的阳光，澄黄的一片，由窗棂横浸到室内，晶莹地四处射。我有点发怔，习惯地在沉寂中惊讶我的周围。我望着太阳那湛明的体质，像要辨别它那交织绚烂的色泽，追逐它那不着痕迹的流动。看它洁净地映到书桌上时，我感到桌面上平铺着一种恬静，一种精神上的豪兴，情趣上的闲逸；即或所谓"窗明几净"，那里默守着神秘的期待，漾开诗的气氛。那种静，在静里似可听到那一处琤琮的泉流，和着仿佛是断续的琴声，低诉着一个幽独者自误的音调。看到这同一片阳光射到地上时，我感到地面上花影浮动，

图 2-32

在"开始"选项卡中单击"新样式"下拉按钮，在弹出的列表中选择"新样式"选项，打开"新建样式"对话框，将"名称"设置为"正文样式"，将"后续段落样式"设置为"正文样式"。单击"格式"下拉按钮，在弹出的列表中选择"字体"选项，如图2-33所示。

打开"字体"对话框，将"字体"设置为"宋体"，将"字形"设置为"常规"，"字号"设置为"小五"，如图2-34所示。单击"确定"按钮，返回"新建样式"对话框，再次单击"格式"按钮，在列表中选择"段落"选项，打开"段落"对话框，将"特殊格式"

图 2-33

设置为"首行缩进2字符",将"行距"设置为"1.5倍行距",如图2-35所示。单击"确定"按钮返回对话框,确认后选择正文内容,为其应用自定义的正文样式即可。

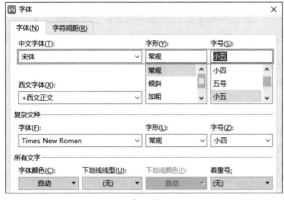

图 2-34

图 2-35

📝 2.5 提取目录

大多数人制作目录时,会选择手动输入目录内容,这样既容易出错又浪费时间。WPS早就为用户考虑到这一点,只需要设置一下大纲级别,就可以轻轻松松自动提取目录。

2.5.1 设置标题大纲级别

在提取目录之前,需要为标题设置大纲级别。选择标题,在"开始"选项卡中单击"段落"对话框启动器按钮,如图2-36所示。打开"段落"对话框,在"缩进和间距"选项卡中单击"大纲级别"下拉按钮,可以为标题设置1级大纲级别、2级大纲级别、3级大纲级别……,如图2-37所示。

图 2-36

图 2-37

知识点拨

  选择标题,为其应用内置的"标题1"样式,也可以为标题设置1级大纲级别,同理,应用"标题2"样式,可以设置2级大纲级别。

2.5.2　自动提取目录

为标题设置好大纲级别后，可以直接提取目录。打开"引用"选项卡，单击"目录"下拉按钮，在弹出的列表中选择一个合适的目录样式，如图2-38所示，即可自动将目录提取出来。

如果用户想要自定义一个目录样式，可以在"目录"列表中选择"自定义目录"选项，打开"目录"对话框，在该对话框中可以设置目录的"制表符前导符""显示级别"，设置是否"显示页码""页码右对齐""使用超链接"等，如图2-39所示。

图 2-38

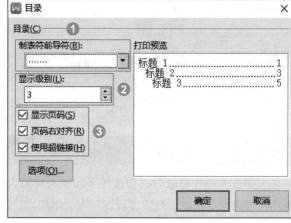

图 2-39

在引用自动目录时，默认目录标题都是带有超链接的，只要按【Ctrl】键并单击目录标题，就会快速跳转到标题对应的正文位置。

如果用户想要取消目录超链接，可以选中目录，使用【Ctrl+Shift+F9】快捷键，就可以取消目录超链接。

2.5.3　更新目录

如果对文档中的标题内容进行了修改，那么目录也需要进行相应更改，用户只需要在"引用"选项卡中单击"更新目录"按钮，或者选择插入的目录，单击目录上方的"更新目录"按钮，如图2-40所示。打开"更新目录"对话框，选中"更新整个目录"单选按钮，如图2-41所示，确认后即可更新目录。

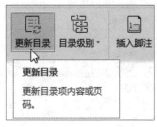

图 2-40

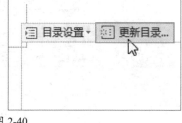

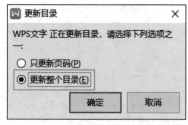

图 2-41

动手练　提取电子书目录

用户在网上下载的电子书一般没有目录，非常不便于阅读。为了能快速找到想要看的内容，就需要将电子书的目录提取出来，如图2-42所示。

图 2-42

选择标题，在"开始"选项卡中单击"样式"下拉按钮，在弹出的列表中选择"标题1"样式，套用"标题1"样式后，修改标题的字体格式和段落格式，双击"格式刷"按钮，将套用的样式复制到其他标题上，如图2-43所示。

接着将光标插入到"正文 第一回"文本的前面，打开"引用"选项卡，单击"目录"下拉按钮，在弹出的列表中选择合适的目录样式，如图2-44所示，即可将电子书的目录提取出来。

最后设置一下目录的字体格式和段落格式，美化一下目录即可。

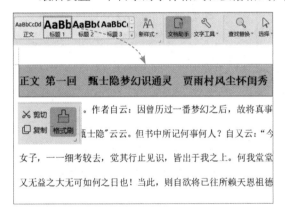

图 2-43

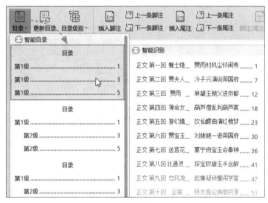

图 2-44

2.6 页面设置

新建一个文档后，往往需要对文档的页面进行设置，例如，设置页边距、纸张大小、纸张方向等，用户也可以将页面设置成稿纸样式。

2.6.1 设置页边距

页边距是页面的边线到文字的距离，分为上、下、左、右页边距。在"页面布局"选项卡中，单击"页面设置"对话框启动器按钮，如图2-45所示。

打开"页面设置"对话框，在"页边距"

图 2-45

选项卡中，可以设置上、下、左、右的页边距值，如图2-46所示。

此外，在"页面布局"选项卡中单击"页边距"下拉按钮，在弹出的列表中可以选择系统内置的几种页边距样式。

在"页边距"右侧的数值框中也可以设置页边距值，如图2-47所示。

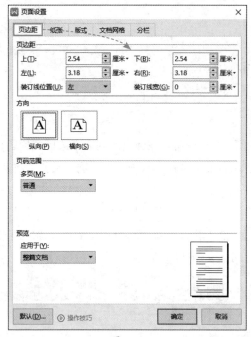

图 2-46

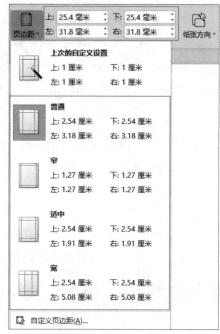

图 2-47

▌2.6.2　设置纸张大小

纸张大小就是当前页面的大小，默认的是A4大小。如果用户想要调整成其他大小，可以在"页面布局"选项卡中单击"纸张大小"下拉按钮，在弹出的列表中选择系统提供的纸张大小，如图2-48所示。

如果用户想要自定义纸张大小，可以在列表中选择"其它页面大小"选项，打开"页面设置"对话框，在"纸张"选项卡中单击"纸张大小"下拉按钮，在弹出的列表中选择"自定义大小"选项，然后根据需要设置"宽度"和"高度"值，如图2-49所示。

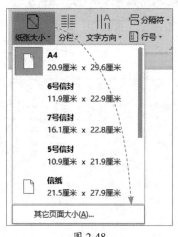

图 2-48

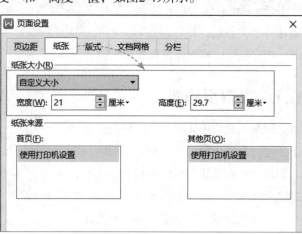

图 2-49

▎2.6.3 设置纸张方向

纸张方向有横向和纵向之分，默认情况下，文档的纸张方向是纵向，用户可以根据需要调整纸张方向。

在"页面布局"选项卡中单击"纸张方向"下拉按钮，在弹出的列表中可以将纸张设置成"横向"或"纵向"，如图2-50所示。

此外，在"页面设置"对话框中也可以设置纸张方向，如图2-51所示。

图 2-50

图 2-51

▎2.6.4 设置稿纸样式

制作像信纸、仿古信笺之类的文档时，用户需要为文档设置稿纸样式。在"页面布局"选项卡中单击"稿纸设置"按钮，打开"稿纸设置"对话框，在该对话框中勾选"使用稿纸方式"复选框开始进行设置，如图2-52所示。

在"规格"列表中选择需要的字数。

在"网格"列表中选择"网格""行线"或"边框"。

在"颜色"列表中选择合适的稿纸颜色。

在"页面"选项，设置"纸张大小"和"纸张方向"。

最后根据需要设置"换行"选项。

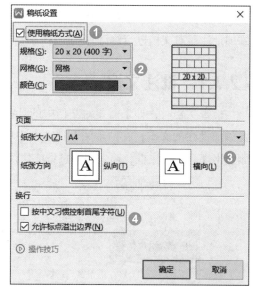

图 2-52

动手练 设置作文纸效果

一篇正式的作文，需要在作文纸上书写，如果想要在文档中制作出作文纸的效果，可以为其设置稿纸样式，如图2-53所示。

在"页面布局"选项卡中单击"稿纸设置"按钮，如图2-54所示。打开"稿纸设置"对话框勾选"使用稿纸方式"复选框，

图 2-53

将"规格"设置为"20×25（500字）"，在"网格"列表中选择"网格"选项，在"颜色"列表中选择合适的颜色，在"换行"选项勾选"按中文习惯控制首尾字符"复选框，单击"确定"按钮，如图2-55所示，即可将文档设置为作文纸效果。

图 2-54

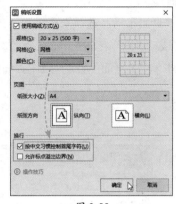

图 2-55

ⱳ 2.7 审阅与修订文档

制作好文档后，最后一步就是对文档进行审阅，检查是否存在拼写错误，也可以在文档中添加批注，对文档进行修订等。

▍2.7.1 批注文档

检查文档时，如果需要对文档中的某些内容提出意见或建议，可以为其添加批注。选择需要添加批注的文本，在"审阅"选项卡中单击"插入批注"按钮，如图2-56所示。在文档的右侧会出现一个批注框，输入相关意见或建议即可，如图2-57所示。

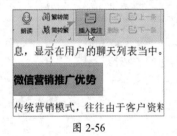

图 2-56

图 2-57

如果用户想要删除批注，可以单击"删除"下拉按钮，选择一条条删除或删除所有批注，如图2-58所示。单击"上一条"或"下一条"按钮，可以一条一条地查看批注信息。

在批注框右侧，单击下拉按钮，可以对批注进行答复。如果批注中提出的建议已经解决，则选择"解决"选项，批注框上就会显示"已解决"字样。选择"删除"选项，就可以将这条批注删除，如图2-59所示。

图 2-58

图 2-59

2.7.2 修订文档

使用修订功能，用户可以直接在内容上进行修改，并且会保留修改痕迹。在"审阅"选项卡中单击"修订"按钮，如图2-60所示。使其呈现选中状态，接着就可以对文档中的内容进行修改、增加或删除，如图2-61所示。

图 2-60

微信已经成为日常生活中的一部分，每个人都想在微信这个平台分到一杯羹，但是，随着微信广点通的开通，微信的运营竞争越来越激烈，很多人想尽一切办法来提升增加公众号的粉丝数量，很多人为了粉丝想尽了办法，下面就和大家说说微信运营的方法，希望能够对大家有所帮助。

图 2-61

> **知识点拨**
>
> 文本左侧的竖线表示这个区域有修改；添加的内容会改色并添加下画线；删除的内容会改色并添加删除线；修改的内容会显示先删除后添加的格式标记。

修订文本后，文档是以嵌入的方式显示所有修订，如果想要更改修订标记的显示方式，可以单击"显示标记"下拉按钮，在弹出的列表中选择"使用批注框"选项，在级联菜单中可以根据需要选择显示方式和信息，如图2-62所示。

若接受修订，单击"接受"下拉按钮，在弹出的列表中进行相关选择即可，如图2-63所示。

若拒绝修订，单击"拒绝"下拉按钮，在弹出的列表中进行相关选择即可，如图2-64所示。

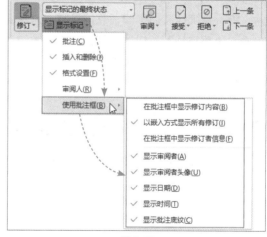

图 2-62

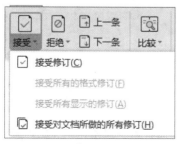

图 2-63

图 2-64

注意事项 当用户不需要修订文档时，要单击取消"修订"的选中状态，否则文档会一直处于修订状态。

2.7.3　校对文档

为了保证文档中没有错误信息，需要对文档内容进行校对。用户可以检查拼写错误，也可以进行字数统计。

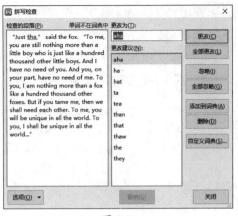

图 2-65

1. 拼写检查

拼写检查可以检查当前文档中的拼写错误。在"审阅"选项卡中单击"拼写检查"按钮，打开"拼写检查"对话框，在"检查的段落"文本框中，用红色显示检查出的错误单词。在"更改建议"文本框中选择一个正确选项，单击"更改"按钮，如图2-65所示，就可以将检查出的错误单词更改为正确的单词。

如果用户认为检查出的单词不需要更改，可以单击"忽略"按钮。

图 2-66

2. 字数统计

当需要统计文档中的字数信息时，只需要在"审阅"选项卡中单击"字数统计"按钮，在打开的"字数统计"对话框中，就可以查看文档的页数、字数、字符数、段落数、非中文单词、中文字符等信息，如图2-66所示。

动手练　将简体中文转换成繁体

扫码看视频

通常情况下我们使用简体中文进行交流，如图2-67所示，但也有特殊情况需要使用繁体。用户可以直接将简体中文转换成繁体，如图2-68所示。

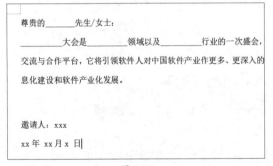

图 2-67　　　　　　　　　　　　　　　　图 2-68

选择文本内容，打开"审阅"选项卡，单击"简转繁"按钮，如图2-69所示，即可将简体中文转换成繁体中文。

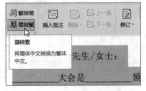

图 2-69

案例实战：制作环保倡议书

现在环境污染越来越严重，人类的生存受到了威胁。所以保护环境是每个人义不容辞的责任，下面就利用本章所学知识制作环保倡议书，如图2-70所示。

Step 01 设置标题格式。新建一个空白文档，输入相关内容，选择标题，将标题字体设置为"微软雅黑"，字号设置为"三号"，加粗显示。接着将"对齐方式"设置为"居中对齐"，将"段前"和"段后"间距设置为"1行"，如图2-71所示。

Step 02 设置正文格式。选择正文内容，将字体设置为"宋体"，字号设置为"小四"，然后更改其他文本的字体大小，接着将"行距"设置为"1.5倍行距"，最后设置首行缩进2字符，如图2-72所示。

图 2-70

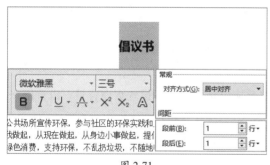

图 2-71

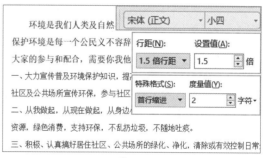

图 2-72

Step 03 设置分栏。选择文本，打开"页面布局"选项卡，单击"分栏"下拉按钮，在弹出的列表中选择"更多分栏"选项，打开"分栏"对话框，将"栏数"设置为"5"，勾选"分隔线"复选框，单击"确定"按钮，如图2-73所示。

Step 04 设置页眉。在页眉处双击进入编辑状态，光标自动插入到页眉中，输入相关文本内容并设置文本的字体格式，如图2-74所示。最后单击"关闭"按钮，退出编辑状态即可。

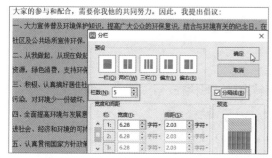

图 2-73

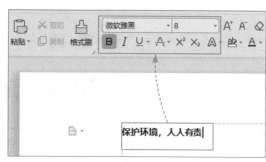

图 2-74

手机办公：在手机上编辑文档内容

在手机上，使用WPS不仅可以查看文档内容，还可以对内容进行相关设置修改。下面就详细介绍如何在手机上编辑文档内容。

Step 01 使用WPS打开文档后，点击界面上方的"编辑"选项，文档进入编辑模式，光标插入到文档中，此时可以对文档内容进行选择、增加、删除等，如图2-75所示。

Step 02 点击界面图2-75中下方最左侧按钮，弹出一个面板，打开"开始"选项卡，可以设置文本的字体、字号、字形、字体颜色、对齐方式、行距等，如图2-76所示。

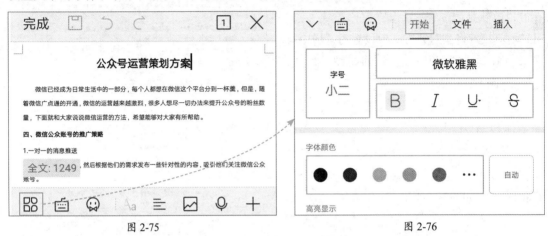

图 2-75   图 2-76

Step 03 打开"插入"选项卡，可以在文档中插入图片、文本框、形状、批注、表格、空白页、页眉页脚、尾注、脚注等，如图2-77所示。

Step 04 打开"查看"选项卡，可以进行查找替换、字数统计、设置页面背景、设置纸张大小、设置纸张方向、页边距等，如图2-78所示。

图 2-77   图 2-78

Step 05 在"审阅"选项卡中，可以进行繁简转换、拼写检查、全文翻译、修订文档等。

第3章
文档中的表格应用

在文档中一般使用表格直观、清晰且具有逻辑地展示数据。其实，在表格中也可以进行简单运算并对一些数据进行处理。可以说，表格在文档中有着举足轻重的地位。本章将对WPS文字中表格的插入、编辑和设计等进行全面介绍。

3.1 表格的插入和布局

使用表格可以将文档中的数据内容简明、概要地展示出来。用户需要在文档中插入表格，然后对表格进行相关设置。

3.1.1 插入表格

插入表格的方法其实很简单，在WPS文字中，不仅可以插入内置表格，还可以插入内容型表格。

1. 插入内置表格

将光标定位在需要插入表格的位置，打开"插入"选项卡，单击"表格"下拉按钮，在弹出的列表中拖动光标，选择需要的行列数，如图3-1所示，即可在文档中插入一个指定行数和列数的表格。

此外，在"表格"列表中选择"插入表格"选项，打开"插入表格"对话框，在"列数"和"行数"数值框中输入需要的数值，也可以插入相应的表格，如图3-2所示。

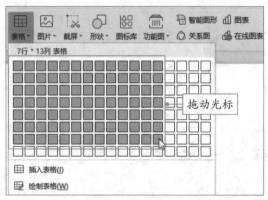

图 3-1

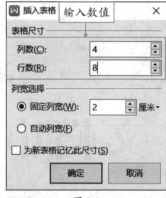

图 3-2

在"插入表格"对话框中，若选择"固定列宽"选项，则可以为列宽指定一个固定值，按照指定的列宽创建表格。

若选择"自动列宽"选项，则系统会根据窗口自动调整表格的列宽。

若勾选"为新表格记忆此尺寸"复选框，则当前对话框中的各项设置将保存为新建表格的默认值。

注意事项 通过拖动光标，最多可插入8行17列的表格，如果用户想要插入超出8行17列的表格，需要在"插入表格"对话框中设置。

2. 插入内容型表格

WPS还为用户提供了在线表格，在"表格"列表中单击"插入内容型表格"选项下的"更多"按钮，如图3-3所示。打开一个窗格，在该窗格中提供了多种在线表格类型，用户可以选择需要的表格类型，单击"插入"按钮，如图3-4所示。登录账号后，即可将所选表格插入到文档中。

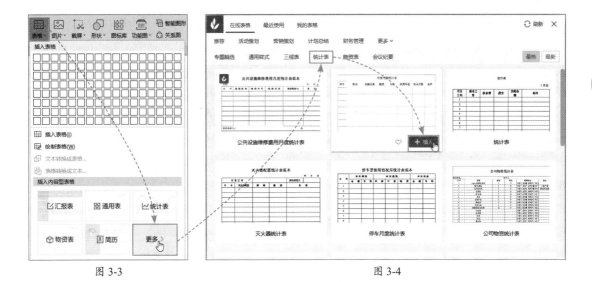

图 3-3	图 3-4

3.1.2 绘制表格

除了系统自动插入表格外，用户还可以手动绘制表格。在"插入"选项卡中单击"表格"下拉按钮，在弹出的列表中选择"绘制表格"选项，如图3-5所示。光标变成铅笔形状，按住鼠标左键不放并拖动光标，即可在指定位置绘制一个表格，如图3-6所示。绘制好后按【Esc】键退出绘制。

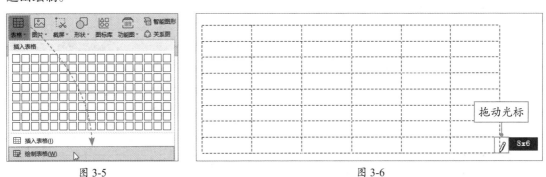

图 3-5	图 3-6

知识点拨

绘制表格时，铅笔右侧会出现一个蓝色方块，方块中的数字就是绘制表格的行列数。

3.1.3 设置表格行列

创建一个表格后，用户可以根据需要设置表格的行和列。例如，插入行/列、删除行/列、调整行高和列宽等。

1. 插入行/列

将光标插入到单元格中，打开"表格工具"选项卡，单击"在上方插入行"按钮，即可在光标所在位置的上方，插入一行，如图3-7所示。同理，单击"在下方插入行"按钮，会在光标的下方插入一行。

单击"在左侧插入列"按钮，会在光标所在位置的左侧插入一列，如图3-8所示。同理，单击"在右侧插入列"按钮，会在光标的右侧插入一列。

图 3-7

图 3-8

此外，将光标指向表格时，在表格的下方和右侧会出现一个"+"按钮，单击此按钮，如图3-9所示，即可快速插入行/列。

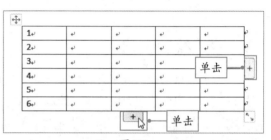

图 3-9

2. 删除行 / 列

当需要删除表格中多余的行或列时，需要将光标插入到需要删除的行/列中，打开"表格工具"选项卡，单击"删除"下拉按钮，在弹出的列表中可以选择删除行或列，如图3-10所示。

在"删除"列表中，也可以选择删除单元格和表格。

图 3-10

3. 调整行高 / 列宽

在表格中输入内容后，需要根据内容调整表格的行高和列宽。将光标移至列右侧分隔线上，光标变为 形，按住鼠标左键不放并拖动光标，即可调整该列的列宽，如图3-11所示。

将光标移至行下方的分隔线上，光标变为 形，按住鼠标左键不放并拖动光标，即可调整该行的行高，如图3-12所示。

图 3-11

图 3-12

将光标插入到单元格中，在"表格工具"选项卡中，通过单击"高度"和"宽度"的"-"和"+"按钮，如图3-13所示，可以微调单元格所在行的行高和所在列的列宽。

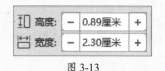

图 3-13

3.1.4 拆分与合并表格

为了更好地利用表格来展示数据，有时需要将表格中的单元格进行拆分与合并，还可以根据需要将整个表格进行拆分。

1. 合并单元格

合并单元格就是将所选的多个单元格合并为一个单元格。选择需要合并的单元格，在"表格工具"选项卡中单击"合并单元格"按钮即可，如图3-14所示。

2. 拆分单元格

拆分单元格就是将所选单元格拆分成多个单元格。将光标插入到需要拆分的单元格中，在"表格工具"选项卡中单击"拆分单元格"按钮，打开"拆分单元格"对话框，在"列数"和"行数"数值框中输入需要拆分的行列数即可，如图3-15所示。

3. 拆分表格

拆分表格就是将一个表格拆分成两个，拆分表格一般是横向拆分。将光标插入到一行

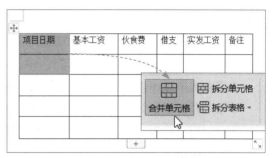

图 3-14

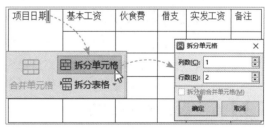

图 3-15

内，这一行将成为新表格的首行，单击"拆分表格"下拉按钮，如图3-16所示，从弹出的列表中选择"按行拆分"选项，即可将一个表格拆分成上下两个表格，如图3-17所示。

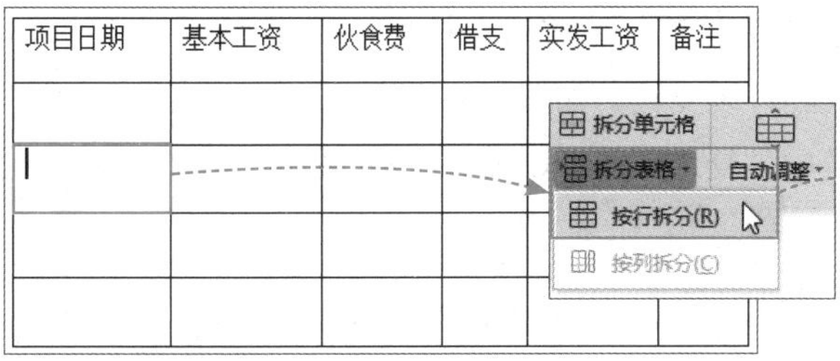

图 3-16

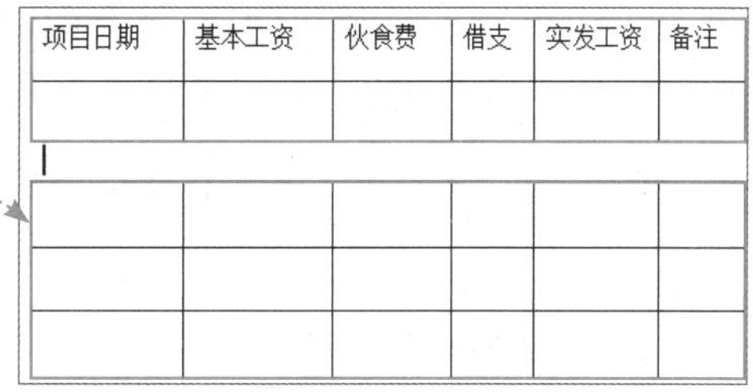

图 3-17

将光标插入到一行内，使用【Ctrl+Shift+Enter】组合键可以快速拆分表格。而合并表格只需要将光标插入到两个表格之间的空白处，按【Delete】键即可。

3.1.5　设置文本对齐方式

在表格中输入文本后，文本默认的对齐方式是"靠上两端对齐"。用户可以为文本设置其他对齐方式。选择表格，打开"表格工具"选项卡，单击"对齐方式"下拉按钮，在弹出的列表中选择需要的对齐方式即可，如图3-18所示。

图 3-18

- **靠上两端对齐**：文字靠单元格左上角对齐。
- **靠上居中对齐**：文字居中，并靠单元格顶部对齐。
- **靠上右对齐**：文字靠单元格右上角对齐。
- **中部两端对齐**：文字垂直居中，并靠单元格左侧对齐。
- **水平居中**：文字在单元格内水平和垂直都居中。
- **中部右对齐**：文字垂直居中，并靠单元格右侧对齐。
- **靠下两端对齐**：文字靠单元格左下角对齐。
- **靠下居中对齐**：文字居中，并靠单元格底部对齐。
- **靠下右对齐**：文字靠单元格右下角对齐。

3.1.6　设置表格属性

插入一个表格后，用户可以根据需要对表格的属性进行设置。例如，设置表格的对齐方式、设置允许跨页断行等。

1.设置对齐方式

选择表格，在"表格工具"选项卡中单击"表格属性"按钮，打开"表格属性"对话框，在"表格"选项卡中可以设置表格的对齐方式和环绕方式，如图3-19所示。

此外，在"表格"选项卡中勾选"指定宽度"复选框，可以设置表格的宽度。

2.设置允许跨页断行

在"表格属性"对话框中，打开"行"选项卡，勾选"允许跨页断行"复选框，如图3-20所示。如果单元格中的文字超出原本单元格的容量，则表格会在下一页自动生成一行。如果取消"允许跨页断行"复选框的勾选，则该单元格会整体移到下一页。

此外，在"行"选项卡中如果勾选"在各页顶端以标题行形式重复出现"复选框，则表格在延伸到次页时会自动复制表头。

图 3-19

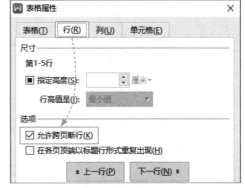

图 3-20

动手练 文本和表格互相转换

在工作中，有时会遇到需要将文本内容制作成表格的情况，此时，用户可以在文档中快速将文本内容转换成表格，如图3-21所示。也可以将表格快速转换成文本，如图3-22所示。

仓库物资统计表

名称	数量	名称	数量
备用自救器	40台	灭火器	30台
防热服	10套	千斤顶	4个
苏生器	5台	台钻	1台
液压刀	1台	电焊机	1台
铜锹	9把	切割机	1台
铜钎子	13个	电冰柜	1台
铜镐	3把	水泵	3台
铜锤	3把	彩色雨布	4块

图 3-21

仓库物资统计表

名称	数量	名称	数量
备用自救器	40台	灭火器	30台
防热服	10套	千斤顶	4个
苏生器	5台	台钻	1台
液压刀	1台	电焊机	1台
铜锹	9把	切割机	1台
铜钎子	13个	电冰柜	1台
铜镐	3把	水泵	3台
铜锤	3把	彩色雨布	4块
铁锹	10把	高泡灭火机	2台
铁镐	3把	耐压胶管	3盘

图 3-22

选择文本内容，打开"插入"选项卡，单击"表格"下拉按钮，在弹出的列表中选择"文本转换成表格"选项，打开"将文字转换成表格"对话框，保持各选项为默认状态，如图3-23所示。单击"确定"按钮，即可将文本转换成表格。

选择表格，在"表格工具"选项卡中单击"转换成文本"按钮，打开"表格转换成文本"对话框，同样保持各选项不变，单击"确定"按钮，如图3-24所示，即可将表格转换成文本。

图 3-23

图 3-24

📄 3.2 设计表格样式

WPS中默认的表格样式是黑色边框，看着不是很美观。用户可以通过设置表格的边框样式、设置表格的底纹或套用内置样式来美化表格。

3.2.1　设置表格边框样式

设置边框样式也就是对表格的边框线型、线型粗细和边框颜色进行设置。选择表格，打开"表格样式"选项卡，单击"线型"下拉按钮，在弹出的列表中选择需要的线型，如图3-25所示。单击"线型粗细"下拉按钮，在弹出的列表中选择合适的宽度，如图3-26所示。单击"边框颜色"下拉按钮，在弹出的列表中选择合适的边框颜色，如图3-27所示。单击"边框"下拉按钮，在弹出的列表中可以设置将边框样式应用到需要的框线上，如图3-28所示。

图 3-25

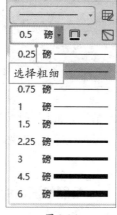

图 3-26

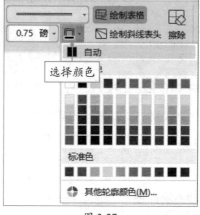

图 3-27

图 3-28

此外，设置好边框样式后，光标变为⌀形，在表格的边框上，单击并拖动光标，即可将边框样式应用到该边框上，如图3-29所示。

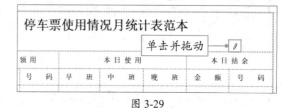

图 3-29

3.2.2　设置底纹效果

设置底纹就是对所选单元格设置背景颜色。选择需要设置底纹的单元格，打开"表格样式"选项卡，单击"底纹"下拉按钮，在弹出的列表中选择合适的底纹颜色即可，如图3-30所示。

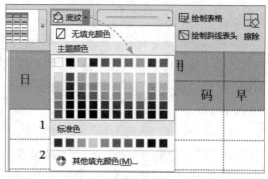

图 3-30

知识点拨

选择表格后，在"边框"列表中选择"边框和底纹"选项，在打开的"边框和底纹"对话框中也可以设置表格的边框样式和底纹。

3.2.3 套用内置样式

用户除了自定义表格样式外，还可以直接套用WPS系统内置的样式。选择表格，在"表格样式"选项卡中单击"其他"下拉按钮，在弹出的列表中选择要套用的表格样式即可，如图3-31所示。

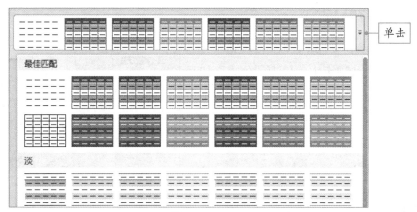

图 3-31

动手练 用表格排版

在工作中，会经常使用表格来直观地展示数据内容。其实表格也可以用来排版文字和图片，制作图文混排效果，如图3-32所示。

在文档中插入2行3列的表格，在第1行的单元格中分别输入文字，然后插入相应的图片，在第2行的单元格中进行相同操作，如图3-33所示。

图 3-32

接着选择表格，打开"表格样式"选项卡，单击"边框"下拉按钮，在弹出的列表中选择"无框线"选项，如图3-34所示，即可将表格的边框隐藏。

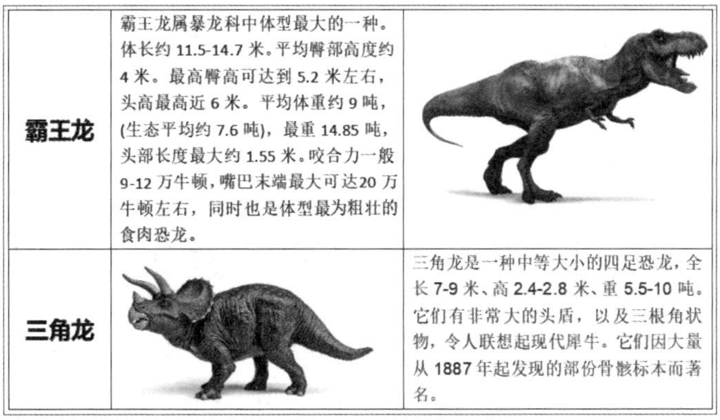

图 3-33

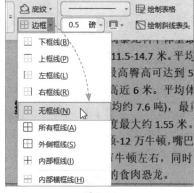

图 3-34

3.3 处理表格数据

在WPS文档中，不仅可以插入表格，还可以在表格中进行简单的求和、求平均值等运算，并根据数据规律对表格数据进行排序。

3.3.1 计算数据

将光标插入到需要计算数据的单元格中，在"表格工具"选项卡中，单击"公式"按钮，打开"公式"对话框，在"公式"文本框中默认显示的是求和公式，其中"SUM"表示求和函数，"LEFT"表示对左侧数据进行求和，如图3-35所示。

图 3-35

此外，用户还可以在"公式"文本框中，输入需要的公式。删除默认的公式，单击"数字格式"下拉按钮，在弹出的列表中选择值的数字格式，如图3-36所示。

单击"粘贴函数"下拉按钮，在弹出的列表中选择需要计算的函数类型，例如求和函数、求平均值函数，如图3-37所示。

单击"表格范围"下拉按钮，在弹出的列表中选择计算范围。例如，计算表格左侧数据则选择"LEFT"；计算右侧数据则选择"RIGHT"；计算上方数据则选择"ABOVE"；计算下方数据则选择"BELOW"，如图3-38所示。

图 3-36

图 3-37

图 3-38

3.3.2 排序数据

用户可以对表格中的数字进行排序，也可以对文本进行排序。选择要进行排序的单元格区域，打开"表格工具"选项卡，单击"排序"按钮，打开"排序"对话框，用户可以在该对话框中对各选项进行设置，如图3-39所示。

- **关键字**：在"排序"对话框中，包含"主要关键字""次要关键字"和"第三关键字"。在排序过程中，将按照"主要关键字"进行排序。当有相同记录时，按照"次要关键字"排序。若二者都是相同记录，则按照"第三关键字"排序。

- **类型**：在"类型"列表中可以选择"笔画""数字""日期"和"拼音"。用来设置按照哪种类型进行排序。

- **使用**：在"使用"列表中选择"段落数"，可以将排序设置应用到每个段落上。
- **排序方式**：在"排序"对话框中，用户可以选择"升序"排序或"降序"排序。
- **列表**：选择"有标题行"选项，则在关键字的列表中显示字段的名称。选择"无标题行"选项，则在关键字列表中，以列1、列2、列3……表示字段列。

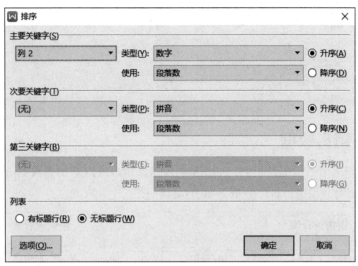

图 3-39

3.3.3 使用图表

图表可以将数据可视化，使其直观、清晰地呈现出来。在WPS文档中不仅可以插入一张图表，还可以对图表数据进行编辑。

1. 插入图表

将光标插入到文档中，打开"插入"选项卡，单击"图表"按钮，打开"插入图表"对话框，在该对话框中有9种图表类型，包括柱形图、折线图、饼图、条形图、面积图、XY（散点图）、股价图、雷达图、组合图。用户可以根据需要选择一种图表类型，然后单击"插入"按钮，如图3-40所示，即可在文档中插入一张图表。

此外，在"插入图表"对话框中选择"在线图表"选项，可以插入稻壳推荐的图表。

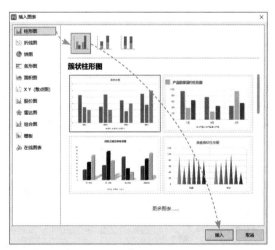

图 3-40

2. 编辑数据

在文档中插入的图表是系统默认的样式，用户需要在图表中输入相关数据。选择图表后右击，在弹出的快捷菜单中选择"编辑数据"命令，如图3-41所示。打开一个工作表，在工作表中输入相关数据，如图3-42所示。关闭窗口即可。

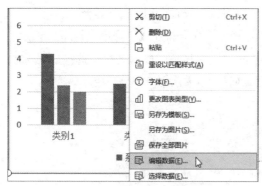

图 3-41

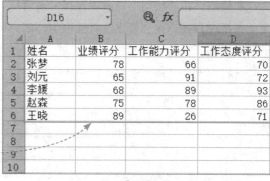

图 3-42

动手练 分析销售数据

在文档中制作一个销售统计表格，如图3-43所示。用户可以对销售数据进行求和计算，或者对数据进行排序分析，如图3-44所示。

销售统计表

销售员	商品1	商品2	商品3	商品4	销售总额
李云	1500	2200	8000	7400	
刘彭	7000	6500	6000	8000	
孙杨	8600	8900	6100	7000	
赵庆	8500	9500	7600	6800	
刘雯	9800	8400	8700	6800	
孙雪	8800	9500	6700	9500	

图 3-43

销售统计表

销售员	商品1	商品2	商品3	商品4	销售总额
孙雪	8800	9500	6700	9500	34500
刘雯	9800	8400	8700	6800	33700
赵庆	8500	9500	7600	6800	32400
孙杨	8600	8900	6100	7000	30600
刘彭	7000	6500	6000	8000	27500
李云	1500	2200	8000	7400	19100

图 3-44

将光标插入到单元格中，打开"表格工具"选项卡，单击"公式"按钮，打开"公式"对话框，在"公式"文本框中输入公式，并设置"数字格式"，如图3-45所示。单击"确定"按钮，即可计算出"销售总额"，按照同样的方法，计算其他销售员的销售总额。

选择"销售总额"数据区域，在"表格工具"选项卡中单击"排序"按钮，打开"排序"对话框，"主要关键字"为"列6"，"类型"为"数字"，选中"升序"单选按钮，单击"确定"按钮，如图3-46所示，即可对"销售总额"进行升序排序。

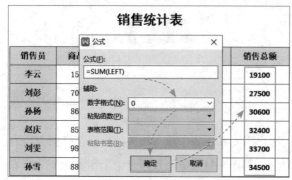

图 3-45

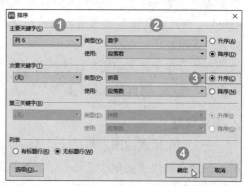

图 3-46

案例实战：制作公司会议纪要

在会议过程中，由记录专员把会议的组织情况和具体内容如实记录下来，就形成了会议纪要。下面就利用本章所学知识制作公司会议纪要，如图3-47所示。

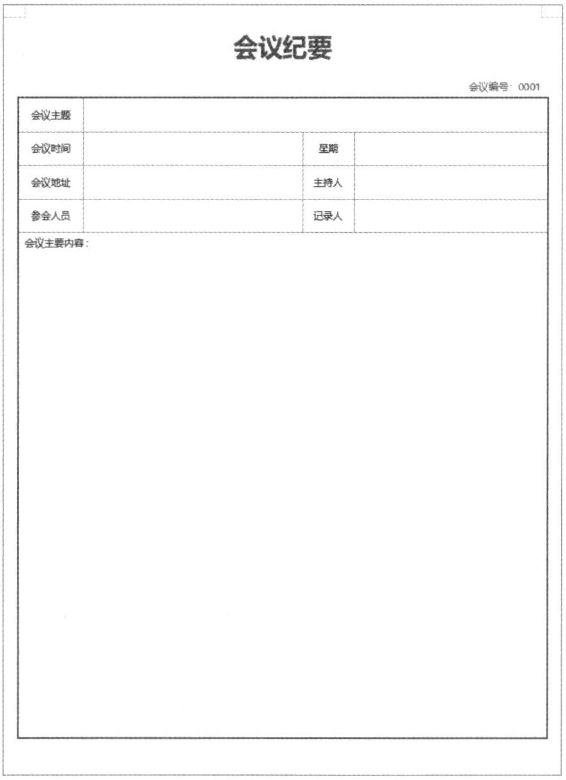

图 3-47

Step 01 新建文档。新建一个空白文档，在文档中输入标题"会议纪要"，接着输入"会议编号"，然后设置文本的字体格式和段落格式，如图3-48所示。

Step 02 插入表格。将光标插入到合适位置，打开"插入"选项卡，单击"表格"下拉按钮，在弹出的列表中选择"插入表格"选项，打开"插入表格"对话框，将"列数"设置为"4"，将"行数"设置为"5"，选中"自动列宽"单选按钮，单击"确定"按钮，如图3-49所示，即可插入一个5行4列的表格。

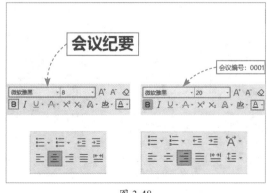

图 3-48

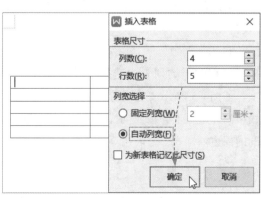

图 3-49

Step 03 合并单元格。选择需要合并的单元格，打开"表格工具"选项卡，单击"合并单元格"按钮，如图3-50所示，即可将选择的单元格合并成一个单元格。按照同样的方法合并其他单元格。

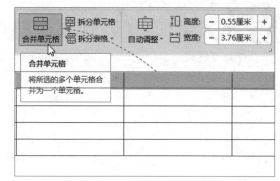

图 3-50

Step 04 设置输入内容。在单元格中输入相关内容，然后适当调整表格的行高和列宽，如图3-51所示。

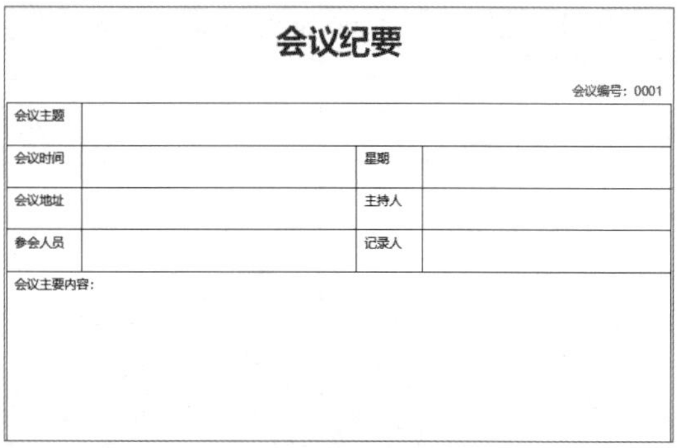

图 3-51

Step 05 设置文本对齐方式。选择单元格，在"表格工具"选项卡中单击"对齐方式"下拉按钮，在弹出的列表中选择"水平居中"选项，如图3-52所示。

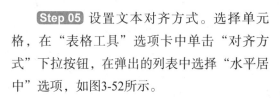

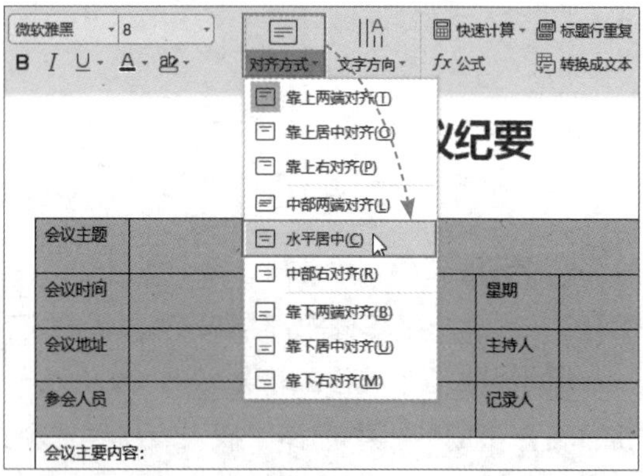

图 3-52

Step 06 设置表格样式。选择表格，打开"表格样式"选项卡，设置"线型""线型粗细"和"边框颜色"，然后单击"边框"下拉按钮，在弹出的列表中选择"外侧框线"选项，如图3-53所示。将设置的边框样式应用到表格的外边框上，按照同样的方法，设置表格的内部边框样式，并应用至表格的内框线上。

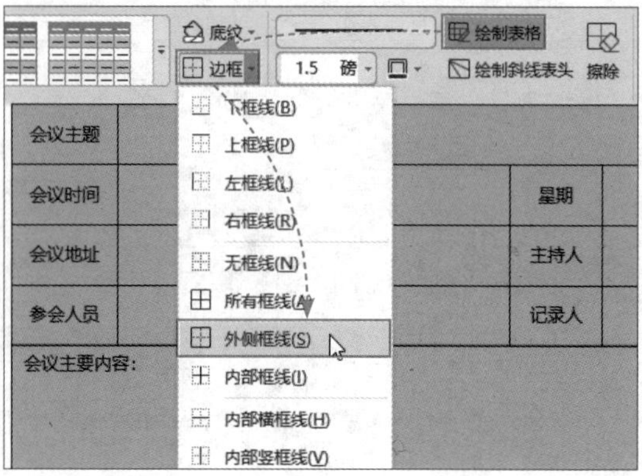

图 3-53

📱 手机办公：在文档中插入图片和形状

使用移动端WPS Office不仅可以对文档内容进行简单编辑，还可以在文档中插入图片和形状等，前面已经介绍了在"插入"选项卡中可以插入图片和形状，下面详细讲解操作步骤。

Step 01 进入编辑模式后，将光标插入到需要插入图片的位置，打开"插入"选项卡，选择"图片"选项，如图3-54所示。

Step 02 打开一个"插入图片"界面，在"我的图片"选项，可以选择插入"相册"中的图片，也可以插入"拍照"和"扫描"图片，如图3-55所示。

图 3-54

图 3-55

Step 03 在"插入"选项卡中选择"形状"选项，弹出"形状"面板，在面板上向左滑动，可以选择插入不同样式的形状，也可以自由绘制形状，如图3-56所示。

Step 04 将形状插入到文档后，选择形状，在界面上方弹出一个工具栏，通过工具栏可以对形状进行"剪切""复制""添加文字""删除"等操作，如图3-57所示。

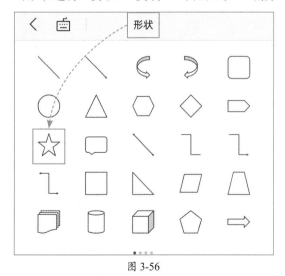

图 3-56

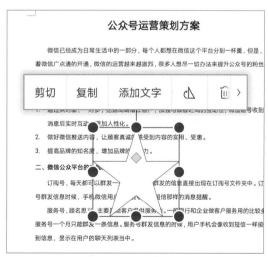

图 3-57

读书笔记

第4章
制作图文并茂的文档

WPS文字主要用来处理、编辑文字，也可以将图片、图形等与文字结合，制作出图文混排的文档，从而丰富文档页面，增加文章的感染力和说服力。本章将对图片的插入和编辑、二维码的制作、形状的插入和编辑、文本框、艺术字的应用等进行全面介绍。

W 4.1 图片的插入和编辑

在文档中使用图片，不仅可以使文档页面看起来更美观，同时增加用户阅读的兴趣。所以好的文档应该以图文并茂的形式呈现。

4.1.1 插入图片

WPS为用户提供多种插入图片的方法，例如插入本地图片、手机传图、插入搜索图片等。

1.插入本地图片

插入本地图片就是插入计算机中的图片。在"插入"选项卡中单击"图片"下拉按钮，在弹出的列表中选择"本地图片"选项，如图4-1所示。打开"插入图片"对话框，从中选择需要的图片，如图4-2所示。单击"打开"按钮，即可将所选图片插入到文档中。

图 4-1 　　　　　　　　　　　　　　　　　图 4-2

2.手机传图

用户可以将手机中的图片插入到文档中。在"图片"列表中选择"手机传图"选项，打开"插入手机图片"面板，如图4-3所示。用手机微信扫描面板上的二维码进行连接，如图4-4所示。连接后选择手机中的图片，所选图片将出现在"插入手机图片"面板中，如图4-5所示。双击图片即可将图片插入到文档中。

图 4-3 　　　　　　　　　图 4-4 　　　　　　　　　图 4-5

3. 插入搜索图片

　　用户还可以直接搜索需要的图片将其插入到文档中。单击"图片"下拉按钮，在"搜索"框中输入需要搜索的图片名称，如图4-6所示。按【Enter】键确认，在文档的右侧弹出一个窗格，显示搜索出的图片，在图片上单击插入即可，如图4-7所示。

图 4-6

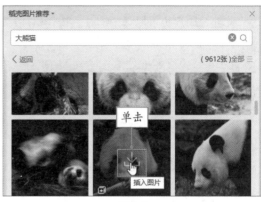

图 4-7

知识点拨

　　如果用户需要插入扫描仪中的图片，则需要将计算机连接扫描仪，才可以进行相关操作。

4.1.2　调整图片大小

　　在文档中插入的图片往往需要用户对其大小进行调整，这时只需选择图片，将光标移至图片的右下角或左上角，如图4-8所示，然后按住鼠标左键不放并向外拖动光标，即可等比例放大图片，如图4-9所示。向内拖动光标可以等比例缩小图片。

图 4-8

图 4-9

　　此外，在"图片工具"选项卡中，通过设置"高度"和"宽度"的数值，如图4-10所示，也可以等比例调整图片的大小。

图 4-10

4.1.3 调整图片位置

默认情况下，文档中的图片是以"嵌入型"形式存放的，只有更改图片的"环绕"方式，才可以调整图片的位置。选择图片，在"图片工具"选项卡中单击"环绕"下拉按钮，在弹出的列表中选择一种环绕方式即可，如图4-11所示。

此外，用户也可以选中图片，按住鼠标左键不放并拖动，将图片移动到目标位置，如图4-12所示，然后松开鼠标即可。

图 4-11

图 4-12

动手练 水平翻转图片

除了对图片的大小和位置进行调整外，用户还可以对图片的方向进行调整。将原来的图片，如图4-13所示，按照需要进行水平翻转，如图4-14所示。

图 4-13

图 4-14

选择图片，打开"图片工具"选项卡，单击"旋转"下拉按钮，在弹出的列表中选择"水平翻转"选项，如图4-15所示，即可将图片进行水平翻转。

此外，在列表中也可以将图片设置为"垂直翻转""向左旋转90°"和"向右旋转90°"。

图 4-15

4.1.4　裁剪图片

如果用户觉得图片的某些部分多余，则可以将其裁剪掉。选择图片，在"图片工具"选项卡中单击"裁剪"按钮，此时图片周围出现8个裁剪点，将光标放在裁剪点上，按住鼠标左键不放并拖动光标，设置裁剪区域，如图4-16所示。设置好图片的裁剪区域后，按【Enter】键或【Esc】键确认裁剪。

其中，图片中深色区域为将要被裁剪掉的部分。

图 4-16

知识点拨

用户也可以将图片裁剪成各种形状，或按一定比例进行裁剪。选择图片，单击"裁剪"下拉按钮，在弹出的面板中选择"按形状裁剪"或"按比例裁剪"选项，进行相关设置即可，如图4-17所示。

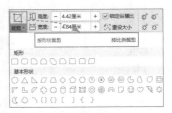

图 4-17

4.1.5　设置图片样式

在文档中插入图片后，为了使图片看起来更美观，需要对图片的样式进行设置，例如调整图片亮度/对比度、调整图片颜色、设置图片轮廓样式、设置图片效果等。

1.调整图片亮度 / 对比度

选择图片，在"图片工具"选项卡中，单击"增加亮度"按钮，可以增加图片的亮度；单击"降低亮度"按钮，可以降低图片的亮度；单击"增加对比度"按钮，可以使图片变得清晰醒目并且颜色鲜丽；单击"降低对比度"按钮，图片就变得灰蒙蒙的，不是很清晰，如图4-18所示。

图 4-18

2. 调整图片颜色

选择图片，在"图片工具"选项卡中单击"颜色"下拉按钮，在弹出的列表中可以将图片的颜色调整为灰度、黑白和冲蚀，如图4-19所示。

3. 设置图片轮廓样式

用户可以对图片轮廓的颜色、粗细和线型进行设置。在"图片工具"选项卡中，单击"图片轮廓"下拉按钮，在弹出的列表中进行相关设置即可，如图4-20所示。

4. 设置图片效果

在"图片工具"选项卡中，单击"图片效果"下拉按钮，在弹出的列表中可以为图片设置"阴影""倒影""发光""柔化边缘""三维旋转"等效果，如图4-21所示。

图 4-19

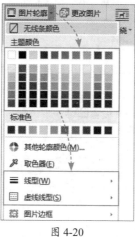

图 4-20

图 4-21

知识点拨

对图片的样式进行设置后，如果用户想要将图片恢复到原始状态，在"图片工具"选项卡中单击"重设图片"按钮即可。

动手练 将图片裁剪成正圆形

通常在网上下载的图片都是方形的，如图4-22所示。将图片插入到文档后，有时需要根据图片特征将其裁剪成正圆形，如图4-23所示。

图 4-22

图 4-23

扫码看视频

选择图片，打开"图片工具"选项卡，单击"裁剪"下拉按钮，从弹出的列表中选择"按形状裁剪"选项下的"椭圆"选项，如图4-24所示。图片进入裁剪状态，在图片右侧弹出一个面板，选择"按比例裁剪"选项，然后在该选项下选择1:1，如图4-25所示。将图片裁剪成一个正圆，最后按【Enter】键确认裁剪即可。

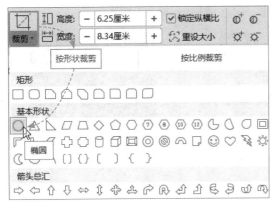

图 4-24

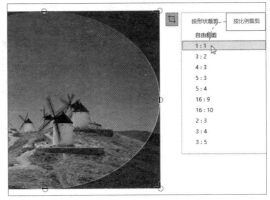

图 4-25

4.2 制作二维码

用户想要制作一个二维码，需要在网上搜索二维码生成器进行二维码的生成。但在WPS文字文档中，用户可以直接生成一个二维码，并且可以对二维码的外观进行设置。

4.2.1 生成二维码

在文档中，用户可以生成一个网址二维码。将光标插入到文档中，打开"插入"选项卡，单击"功能图"下拉按钮，在弹出的列表中选择"二维码"选项，如图4-26所示。打开"插入二维码"对话框，在"输入内容"文本框中输入公司网址，在右侧即可生成一个二维码，如图4-27所示。

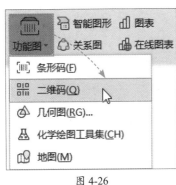

图 4-26

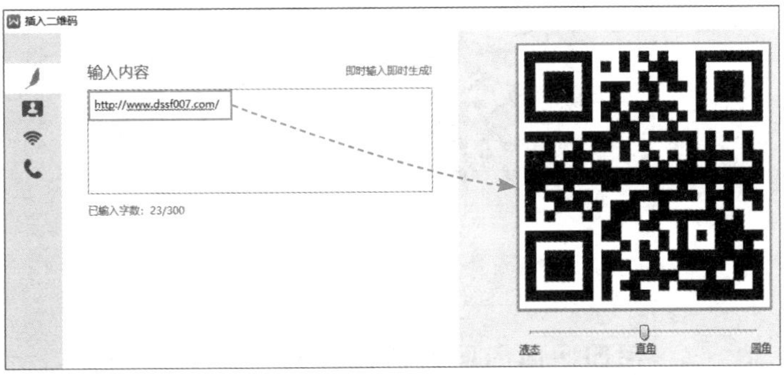

图 4-27

4.2.2 美化二维码

在"插入二维码"对话框中，可以对生成的二维码进行美化。打开"颜色设置"选项卡，可以对二维码的"前景色""背景色""渐变颜色""渐变方式""定位点（外框）""定位点（内点）"，进行相关设置，如图4-28所示。

　　打开"嵌入Logo"选项卡，单击"点击添加图片"按钮，可以在二维码中嵌入一个Logo图片，并且还可以将Logo图片设置为"圆角""白底""描边"等效果，如图4-29所示。

　　打开"嵌入文字"选项卡，在文本框中输入文字，单击"确定"按钮，即可将文字嵌入到二维码中，并且可以设置文字的"效果""字号"和"文字颜色"，如图4-30所示。

图 4-28

图 4-29

图 4-30

注意事项 设置二维码的背景颜色时，不要选用深色，否则二维码无法被扫描。

　　打开"图案样式"选项卡，单击"定位点样式"下拉按钮，在弹出的列表中可以为二维码设置一个合适的定位点样式，如图4-31所示。

　　打开"其他设置"选项卡，可以设置二维码的"外边距""纠错等级""旋转角度"和"图片像素"，如图4-32所示。

图 4-31

图 4-32

　　最后单击"确定"按钮，即可将二维码插入到文档中。

▌4.2.3　导出二维码

生成的二维码以图片形式存放在文档中，用户可以将文档中的二维码单独提取出来。选择二维码，右击，在弹出的快捷菜单中选择"另存为图片"命令，如图4-33所示。打开"另存为图片"对话框，选择二维码的保存位置，并设置二维码的名称，单击"保存"按钮，如图4-34所示，即可导出二维码。

图 4-33

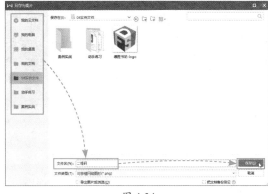

图 4-34

知识点拨

如果用户需要清除对二维码的美化设置，则可以在"插入二维码"对话框中，单击"清除设置"。

动手练 制作条形码

扫码看视频

条形码可以标出物品的生产国、制造厂家、商品名称、生产日期等信息。在WPS文字文档中也可以制作条形码，如图4-35所示。

打开"插入"选项卡，单击"功能图"下拉按钮，在弹出的列表中选择"条形码"选项，打开"插入条形码"对话框，单击"编码"下拉按钮，在弹出的列表中选择应用领域，如图4-36所示。在"输入"文本框中输入编码数字，最后单击"插入"按钮，如图4-37所示，即可在文档中插入一个条形码。

1 782375 820443

图 4-35

图 4-36

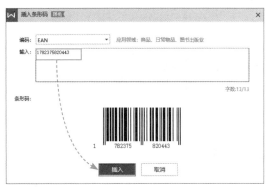

图 4-37

4.3 形状的插入和编辑

在文档中除了使用图片来增加文档的美观性外，还可以使用图形来装饰文档。图形也可以用来制作流程图，将内容有逻辑性和条理性地展示出来。

4.3.1 绘制形状

WPS为用户提供了线条、矩形、基本形状、箭头总汇、公式形状等8种形状类型，用户可以根据需要绘制不同的形状。打开"插入"选项卡，单击"形状"下拉按钮，在弹出的列表中选择一种形状，如图4-38所示。此时光标变为十字形，按住鼠标左键不放并拖动光标，即可绘制形状，如图4-39所示。

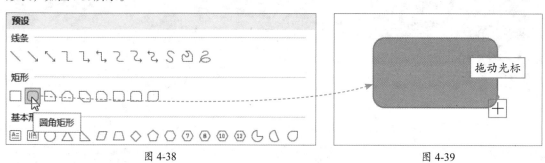

图 4-38　　　　　　　　　　　　　　　　图 4-39

4.3.2 编辑形状

插入形状后，可以将形状快速更改成其他形状类型，也可以对形状的顶点进行编辑，任意更改形状的外形。

1. 更改形状

选择形状，在"绘图工具"选项卡中单击"编辑形状"下拉按钮，在弹出的列表中选择"更改形状"选项，并从其级联菜单中选择其他形状，即可将形状快速更改成所选形状，如图4-40所示。

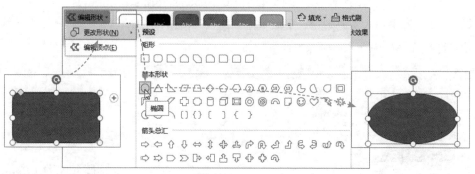

图 4-40

2. 编辑顶点

选择形状，在"绘图工具"选项卡中单击"编辑形状"下拉按钮，在弹出的列表中选择"编辑顶点"选项，此时形状周围出现几个黑色的小方块，这个黑色小方块就是顶点。将光标放在顶点上，按住鼠标左键不放并拖动光标，更改顶点位置，形状也随之发生改变，如图4-41所示。编辑好后按【Esc】键退出即可。

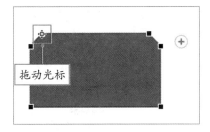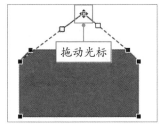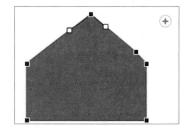

图 4-41

4.3.3 在形状中输入内容

如果需要使用形状来制作流程图，则需要在形状中输入内容。选择形状，右击，在弹出的快捷菜单中选择"添加文字"命令，光标随即插入到形状中，输入相关内容即可，如图4-42所示。

4.3.4 美化形状

在文档中插入形状后，为了使形状更绚丽多彩，可以对形状的填充颜色、轮廓样式以及形状效果进行设置。

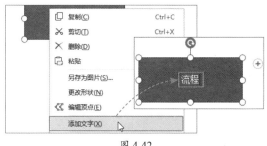

图 4-42

1. 设置填充颜色

选择形状，在"绘图工具"选项卡中单击"填充"下拉按钮，在弹出的列表中选择合适的颜色作为形状的填充颜色，如图4-43所示。

此外，在形状上右击，在弹出的快捷菜单中选择"设置对象格式"命令，打开"属性"窗格，在"填充与线条"选项卡中可以为形状设置"纯色填充""渐变填充""图片或纹理填充"以及"图案填充"，如图4-44所示。

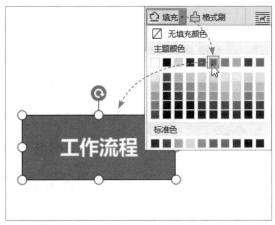

图 4-43

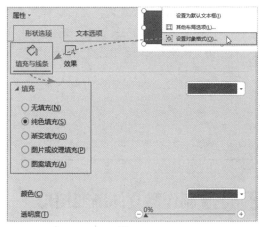

图 4-44

2. 设置轮廓样式

选择形状，在"绘图工具"选项卡中单击"轮廓"下拉按钮，在弹出的列表中可以选择一个合适的轮廓颜色。在列表中选择"线型"选项，可以设置轮廓的粗细，如图4-45所示。在列表中选择"虚线线型"选项，可以设置轮廓的线型，如图4-46所示。

此外，在"属性"窗格中选择"线条"选项，也可以设置轮廓线条的颜色、粗细、线型等，如图4-47所示。

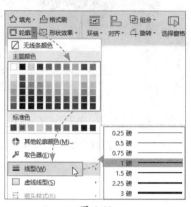

图 4-45

图 4-46

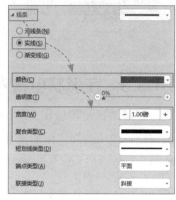

图 4-47

3. 设置形状效果

在"绘图工具"选项卡中单击"形状效果"下拉按钮，在弹出的列表中可以为形状设置"阴影""倒影""发光""柔化边缘""三维旋转"效果，如图4-48所示。

图 4-48

知识点拨

用户可以使用系统内置的形状样式快速美化形状。只需要在"绘图工具"选项卡中单击"其他"下拉按钮，在弹出的列表中选择一种形状样式即可，如图4-49所示。

图 4-49

动手练 制作微立体渐变图形

扫码看视频

通过设置图形的颜色、轮廓和效果，可以制作出一个微立体渐变图形，如图4-50所示。使单一的图形看起来更加丰富多彩。

在文档中绘制一个五角星，在其上右击，在弹出的快捷菜单中选择"设置对象格式"命令，打开"属性"窗格，在"填充与线条"选项卡中选择"填充"选项，然后选中"渐变填充"单选按钮，在下方为图形设置渐变样式，接着选择"线条"选项，选中"无线条"单选按钮，如图4-51所示。

图 4-50

打开"效果"选项卡，单击"阴影"下拉按钮，在弹出的列表中选择"向左偏移"阴影效果，如图4-52所示，即可为图形添加阴影效果。

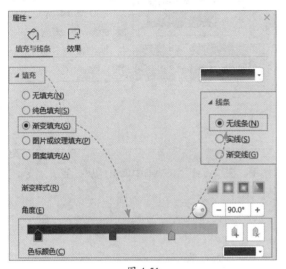

图 4-51

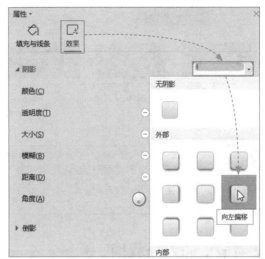

图 4-52

4.4 智能图形的应用

在文档中通过智能图形可以更直观地交流信息，智能图形包括图形列表、流程图，以及更为复杂的图形。

4.4.1 插入智能图形

WPS文字为用户提供了15种常用的智能图形。在"插入"选项卡中单击"智能图形"按钮，打开"选择智能图形"对话框，从中选择合适的图形类型，单击"确定"按钮，如图4-53所示，即可将所选图形插入到文档中。

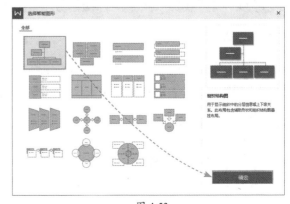

图 4-53

4.4.2 编辑智能图形

在文档中插入智能图形后，用户需要在图形中输入相关内容，然后根据需要添加项目形状。

将光标插入到带有"文本"字样的形状中，直接输入文本内容即可，如图4-54所示。

如果需要为智能图形添加项目，则要先选择形状，打开"设计"选项卡，单击"添加项目"下拉按钮，在弹出的列表中选择需要的选项即可，如图4-55所示。

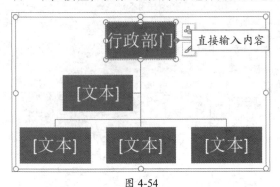

图 4-54

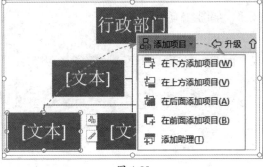

图 4-55

知识点拨

用户还可以更改智能图形的连接线方向，选择图形，在"设计"选项卡中单击"从右至左"按钮，即可更改智能图形的方向。

动手练 插入流程图

流程图通常用来显示工作的流程、生产工序、任务进度等，如图4-56所示。直观并具有逻辑地将内容展示出来，有助于理解和阅读。

图 4-56

打开"插入"选项卡，单击"智能图形"按钮，打开"选择智能图形"对话框，选择"基本流程"图形，单击"确定"按钮，即可将图形插入到文档中。选择形状，在"设计"选项卡中单击"添加项目"下拉按钮，在弹出的列表中选择"在后面添加项目"选项，如图4-57所示，为图形添加多个项目。

在图形中输入文本内容，接着选择图形，在"设计"选项卡中单击"更改颜色"下拉按钮，在弹出的列表中选择一种合适的颜色即可，如图4-58所示。

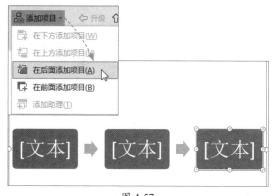

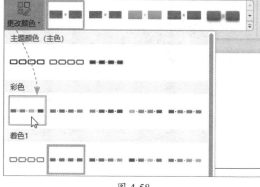

图 4-57 图 4-58

W 4.5 使用文本框

在文档中使用文本框，可以更灵活地对文字内容进行排版，使整个版面看起来更加轻松活泼，富有层次感。

▮4.5.1 插入文本框

文本框主要用来存放文本。在"插入"选项卡中单击"文本框"下拉按钮，从弹出的列表中选择一种文本框类型，如图4-59所示。光标变为十字形，按住鼠标左键不放并拖动，即可绘制一个文本框，如图4-60所示。

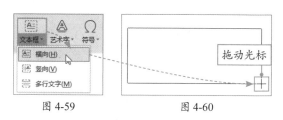

图 4-59 图 4-60

选择"横向"选项，可以绘制一个内容为横向的文本框；选择"竖向"选项，可以绘制一个内容为竖向的文本框；选择"多行文字"选项，可以绘制一个输入多行内容的文本框。

▮4.5.2 编辑文本框

绘制的文本框默认带有黑色边框，用户可以根据需要对文本框的填充颜色、轮廓和效果进行设置。只需要选择文本框，在"绘图工具"选项卡中进行相关设置即可，如图4-61所示。

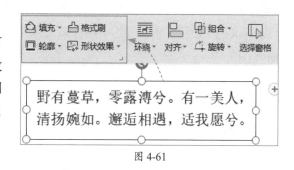

图 4-61

注意事项 通常会将文本框的填充颜色设置为"无填充颜色"，将文本框的轮廓设置为"无线条颜色"。

动手练 制作竖排复古书信

按照古代的书写习惯，文字都是从右向左竖排书写，如图4-62所示。但在文档中，都是从左向右横向输入文字的，要想文字竖排显示，可以通过文本框实现。

图 4-62

打开"插入"选项卡，单击"文本框"下拉按钮，在弹出的列表中选择"竖向"选项，拖动光标绘制一个文本框，如图4-63所示。光标自动插入到文本框内，输入相关内容。选择文本框，打开"绘图工具"选项卡，单击"填充"下拉按钮，在弹出的列表中选择"无填充颜色"选项，接着单击"轮廓"下拉按钮，在弹出的列表中选择"无线条颜色"选项，如图4-64所示。最后设置文本的字体格式和段落格式即可。

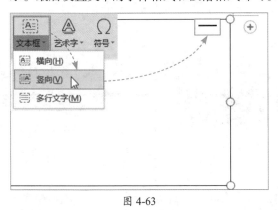

图 4-63

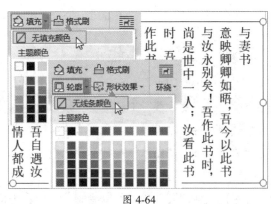

图 4-64

ⓦ 4.6 使用艺术字

在文档中使用艺术字表达一些特殊文档内容，既起到突出文本的作用，又达到丰富文档页面的目的。

▋4.6.1 插入艺术字

WPS文字内置了一个艺术字库，可以帮助用户制作出具有装饰性效果的文字。打开"插入"选项卡，单击"艺术字"下拉按钮，在弹出的列表中选择一种预设的艺术字样式，如图4-65所示，即可在文档中插入一个文本框，如图4-66所示，然后在艺术字文本框中输入内容即可。

图 4-65

请在此放置您的文字

图 4-66

此外，在"艺术字"列表中系统还提供了稻壳艺术字样式，用户需要注册会员或登录账号才可以使用。

4.6.2 设置艺术字样式

插入艺术字后，用户可以对艺术字的填充颜色、轮廓和效果进行重新设置。选择艺术字，打开"文本工具"选项卡，单击"文本填充"下拉按钮，如图4-67所示，在弹出的列表中可以设置艺术字的填充颜色。

单击"文本轮廓"下拉按钮，如图4-68所示，在弹出的列表中可以设置艺术字的轮廓样式。

单击"文本效果"下拉按钮，如图4-69所示，在弹出的列表中可以设置"阴影""倒影""发光""三维旋转""转换"等效果。

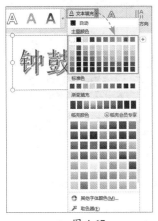

图 4-67

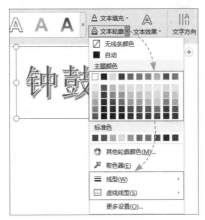

图 4-68

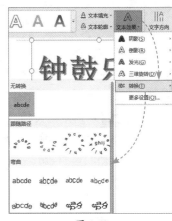

图 4-69

动手练 在图片上插入艺术字

除了使用艺术字突出文档内容外，用户还可以在图片上插入艺术字文本，使图片更具有文艺气息，如图4-70所示。

扫码看视频

图 4-70

打开"插入"选项卡，单击"艺术字"下拉按钮，在弹出的列表中选择合适的艺术字样式，即可在图片上方插入一个艺术字文本框，如图4-71所示。在文本框中输入内容，然后选择文本框，在"文本工具"选项卡中将字体设置为"华文琥珀"，将"字号"设置为"48"，然后单击"文本填充"下拉按钮，在弹出的列表中选择合适的填充颜色即可，如图4-72所示。

图 4-71 　　　　　　　　　　　　　　　　图 4-72

案例实战：制作旅游景点介绍

越来越多的人选择外出旅游，不仅可以释放压力，舒缓心情，还可以见识到更多风俗、地貌，下面就利用本章所学知识，制作一个旅游景点介绍，如图4-73所示。

Step 01 新建空白文档。将光标插入到文档中，输入相关文本内容，然后选择全部文本，在"开始"选项卡中，将"字体"设置为"宋体"，将"字号"设置为"小四"，接着打开"段落"对话框，将"特殊格式"设置为"首行缩进2字符"，将"行距"设置为"1.5倍行距"，如图4-74所示。

Step 02 更改字体格式。选择文本，在"开始"选项卡中将字体更改为"微软雅黑"，将字号更改为"四号"，加粗显示，并设置合适的字体颜色，如图4-75所示。

张家界

张家界是湖南省辖地级市，原名大庸市。张家界现有国家等级旅游区 19 家，包括 5A 级 2 家，4A 级 9 家，3A 级 8 家。其中，武陵源风景名胜区先后获得了中国第一个国家森林公园、中国首批世界自然遗产、中国首批世界地质公园、国家首批 5A 级旅游区、全国文明风景区等六张"烫金名片"。

张家界国家森林公园

武陵源旅游区位于湖南省西北部张家界市境内。1982 年 9 月 25 日，经中华人民共和国国务院批准，将原来的张家界林场正式命名为"张家界国家森林公园"，也是中国第一个国家森林公园；2007 年被列入中国首批国家 5A 级旅游景区，公园总面积 4810 公顷。

武陵源旅游区自然风光以峰称奇、以谷显幽、以林见秀。其间有奇峰 3000 多座，如人如兽、如器如物，形象逼真，气势壮观，有"奇峰三千，秀水八百"之美称。主要景点有黄石寨、金鞭溪、天子山、袁家界、杨家界等。

天门山国家森林公园

天门山是山岳型自然景区，世界地质公园、国家森林公园、国家 5A 级旅游区。位于湖南省张家界市城区南郊 8 公里，海拔 1518.6 米，是张家界海拔最高山，也是张家界的文化圣地。

图 4-73

图 4-74 　　　　　　　　　　　　　　　　图 4-75

Step 03 插入图片。将光标插入到第一段文本前面，按【Enter】键空出一行，然后将光标插入到空行，打开"插入"选项卡，单击"图片"下拉按钮，在弹出的列表中选择"本地图片"选项，打开"插入图片"对话框，从中选择合适的图片，将其插入到文档中，并在"图片工具"选项卡中单击"增加亮度"按钮，增加图片的亮度，如图4-76所示。

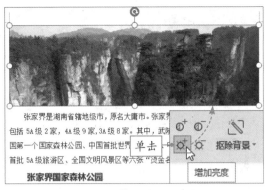

图 4-76

Step 04 插入艺术字。在"插入"选项卡中单击"艺术字"下拉按钮，在弹出的列表中选择合适的艺术字样式，输入标题"张家界"，然后在"文本工具"选项卡中将字体设置为"微软雅黑"，将字号设置为"48"，并将艺术字移至图片合适位置，如图4-77所示。

图 4-77

Step 05 插入其他图片。将光标插入到第二段文本后面，按【Enter】键空出一行，然后在"插入"选项卡中单击"图片"下拉按钮，插入两张图片并调整图片的大小，如图4-78所示。

张家界国家森林公园

武陵源旅游区位于湖南省西北部张家界市境内。1982 年 9 月 25 日，经中华人民共和国国务院批准，将原来的张家界林场正式命名为"张家界国家森林公园"，也是中国第一个国家森林公园；2007 年被列入中国首批国家 5A 级旅游景区，公园总面积 4810 公顷。

武陵源旅游区自然风光以峰称奇、以谷显幽、以林见秀。其间有奇峰 3000 多座，如人如兽、如器如物，形象逼真，气势壮观，有"奇峰三千，秀水八百"

图 4-78

Step 06 设置图片环绕方式。将光标插入到"天门山国家森林公园"文本后面，插入一张图片，选择图片，在"图片工具"选项卡中单击"环绕"下拉按钮，从弹出的列表中选择"紧密型环绕"选项，然后将图片移至合适位置即可，如图4-79所示。

图 4-79

手机办公：保存和发送文档

在移动端WPS Office中编辑好文档后需要对文档进行保存，或按照需要将文档发送给他人，下面就详细讲解一下操作步骤。

Step 01 编辑好文档后，点击左下方的⊞图标，弹出一个面板，打开"文件"选项卡，选择"保存"或"另存为"选项保存文档，如图4-80所示。

Step 02 在"文件"选项卡中单击"分享与发送"按钮，弹出"分享与发送"面板，在该面板中选择"以文件发送"选项，如图4-81所示。当然，用户也可以选择以链接的方式分享给微信朋友、QQ好友等。

图 4-80

图 4-81

Step 03 再次弹出一个面板，用户可以选择"发送给朋友""发送给好友""发送至电脑"等，这里选择"发送给好友"，如图4-82所示。

Step 04 弹出QQ界面，从中选择需要发送的好友即可，如图4-83所示。

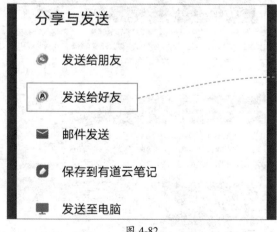

图 4-82

图 4-83

WPS表格应用篇

第5章
WPS 表格基础操作

在日常工作中人们经常会使用WPS表格制作各种类型的报表，使用工作表能够轻松记录大量数据，并将数据规范整理成便于阅读的表格。本章将对工作簿/工作表的基本操作、数据的录入、数据表的美化等进行全面介绍。

5.1 操作工作簿

所谓工作簿是指用来储存并处理工作数据的文件，其包含一个或多个工作表。所以在对工作表进行编辑操作之前，需要掌握工作簿的创建、保存和保护。

5.1.1 创建工作簿

在WPS表格中，用户不仅可以创建空白工作簿，还可以创建WPS系统提供的工作簿模板。

1. 创建空白工作簿

打开WPS 2019软件，在"首页"界面中单击"新建"按钮，如图5-1所示。进入"新建"界面，在界面上方选择"表格"选项，单击"新建空白文档"按钮，如图5-2所示，即可创建一个空白工作簿。

图 5-1

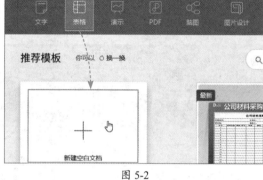

图 5-2

> **知识点拨**
>
> 用户通过在桌面或文件夹中右击，选择"新建"选项，并从其级联菜单中选择"XLSX工作表"命令，也可以创建一个空白工作簿。

2. 创建模板工作簿

在"新建"界面的搜索框中输入需要的模板名称，按【Enter】键确认，如图5-3所示，搜索出相关模板。在需要的模板类型上单击"使用该模板"按钮，如图5-4所示。注册稻壳会员，即可免费使用该模板。用户也可以搜索免费模板，登录账号即可下载使用。

图 5-3

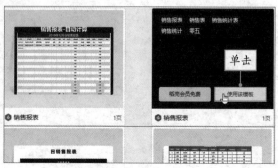

图 5-4

5.1.2 保存工作簿

创建一个空白工作簿或模板工作簿后，用户需要对其进行保存。在工作簿中单击"保存"按钮，或单击"文件"按钮，在弹出的列表中选择"保存"选项，如图5-5所示。打开"另存为"对话框，设置保存位置、文件名称和文件类型，单击"保存"按钮即可，如图5-6所示。

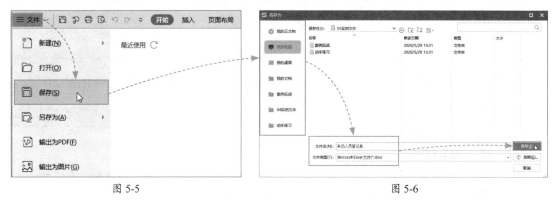

图 5-5   图 5-6

5.1.3 保护工作簿

为了防止重要表格中的数据泄露，可以为其设置密码保护，也可以保护工作簿的结构，禁止他人随意复制、删除工作簿中的工作表。

1. 密码保护工作簿

为工作簿设置一个打开密码和编辑密码，只有输入密码才能对工作簿进行打开和编辑。单击"文件"按钮，选择"文档加密"选项，并从其级联菜单中选择"密码加密"选项，如图5-7所示。打开"密码加密"窗格，从中设置打开文件密码和修改文件密码，设置好后单击"应用"按钮，如图5-8所示。

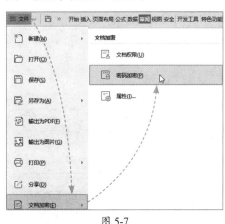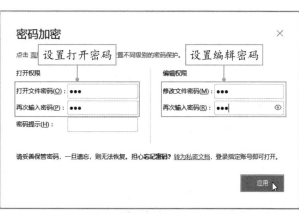

图 5-7   图 5-8

保存并关闭工作簿，再次打开该工作簿时，就需要输入设置的打开文件密码和修改文件密码，才能打开和编辑工作簿，如图5-9所示。

此外，为了防止用户忘记密码，可以在"密码加密"窗格中设置"密码提示"，当在"文档已加密"对话框中输入两次不正确的密码后，会在密码框下方出现密码提示信息，如图5-10所示。

图 5-9 图 5-10

知识点拨

如果用户想要撤销对工作簿的密码保护，则需要在"密码加密"窗格中删除设置的打开文件密码和修改文件密码，单击"应用"按钮，然后保存工作簿即可。

2. 保护工作簿的结构

在"审阅"选项卡中单击"保护工作簿"按钮，弹出"保护工作簿"对话框，在"密码"文本框中输入密码，单击"确定"按钮，弹出"确认密码"对话框，重新输入密码，单击"确定"按钮即可，如图5-11所示。此时在工作表上右击，在弹出的菜单中，"插入""删除工作表""重命名""移动或复制工作表"等命令呈现灰色不可用状态，如图5-12所示。

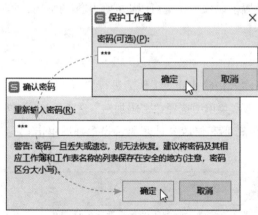

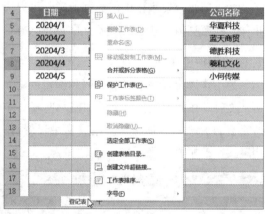

图 5-11 图 5-12

知识点拨

如果需要取消对工作簿结构的保护，则需要在"审阅"选项卡中单击"撤消工作簿保护"按钮，在打开的对话框中输入设置的保护密码即可。

动手练 保护工作表中的数据

有的报表用户希望他人只能查看，而不能修改报表中的数据，如图5-13所示，此时可以选择对工作表中的数据进行保护。

扫码看视频

2	序号	日期	销售员	产品名称	规格	数量	单价	金额
3	1	2020/4/						￥500
4	2	2020/4/						￥2,145
5	3	2020/4/						￥2,394
6	4	2020/4/						￥936
7	5	2020/4/						￥2,925
8	6	2020/4/						￥4,361
9	7	2020/4/						￥5,850
10	8	2020/4/						￥1,440
11	9	2020/4/						￥2,016

WPS 表格对话框：试图更改的单元格或图表在受保护的工作表中。要进行更改，请单击"审阅"选项卡中的"撤销工作表保护"(可能需要密码)。 确定

图 5-13

打开"审阅"选项卡，单击"保护工作表"按钮，打开"保护工作表"对话框，在"密码"文本框中输入密码，然后在"允许此工作表的所有用户进行"列表框中取消所有选项的勾选，单击"确定"按钮，弹出"确认密码"对话框，重新输入密码，单击"确定"按钮，如图5-14所示，即可对工作表中的数据进行保护，用户只能查看数据，不能修改数据。

图 5-14

5.2 操作工作表

新建的空白工作簿中默认有一个工作表，工作表有一个名字，其显示在工作表标签上，默认显示为Sheet1，用户可以根据需要插入/删除工作表、隐藏/显示工作表、移动/复制工作表等。

5.2.1 选择工作表

打开工作簿后会默认选择一个工作表，如果用户需要选择其他工作表，则可以单击某个工作表标签，即可将其选中，如图5-15所示。

此外，如果用户需要同时选择多个工作表，则可以按住【Ctrl】键不放并单击工作表标签，即可选择多个工作表，如图5-16所示。

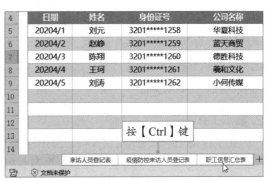

图 5-15   图 5-16

5.2.2 插入或删除工作表

工作表是工作簿的组成部分，用户可以根据需要插入或删除不需要的工作表。

1. 插入工作表

在工作簿中单击"新建工作表"按钮，如图5-17所示，即可插入一个新工作表。或者在"开始"选项卡中单击"工作表"下拉按钮，在弹出的列表中选择"插入工作表"选项，如图5-18所示。打开"插入工作表"对话框，在"插入数目"数值框中输入需要插入工作表的个数，然后在"插入"选项设置插入当前工作表之后或当前工作表之前，单击"确定"按钮即可，如图5-19所示。

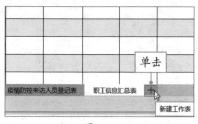

图 5-17

图 5-18

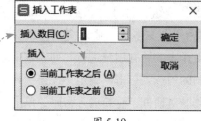

图 5-19

2. 删除工作表

在需要删除的工作表上右击，在弹出的快捷菜单中选择"删除工作表"命令，如图5-20所示，即可将工作表删除。或者在"开始"选项卡中单击"工作表"下拉按钮，在弹出的列表中选择"删除工作表"选项即可。

图 5-20

5.2.3 隐藏与显示工作表

如果工作簿中的某个工作表暂时不需要，则可以将其隐藏，当需要时再将其显示出来。

1. 隐藏工作表

在需要隐藏的工作表上右击，在弹出的快捷菜单中选择"隐藏"命令，如图5-21所示，即可将工作表隐藏起来。或者在"开始"选项卡中单击"工作表"下拉按钮，在弹出的列表中选择"隐藏与取消隐藏"选项，并从其级联菜单中选择"隐藏工作表"选项，也可以将工作表隐藏。

图 5-21

2. 显示工作表

在工作簿中的任意一个工作表上右击，在弹出的

快捷菜单中选择"取消隐藏"命令，如图5-22所示。弹出"取消隐藏"对话框，在"取消隐藏工作表"列表框中选择需要显示的工作表，然后单击"确定"按钮，如图5-23所示，即可将其显示出来。

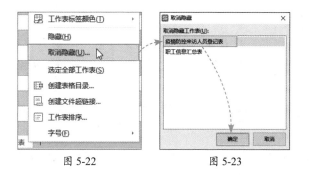

图 5-22　　　　　　　　图 5-23

5.2.4　移动与复制工作表

在日常工作中，通常需要移动和复制工作表，用户可以在当前工作簿中移动和复制工作表，也可以将工作表移动和复制到新工作簿中。

1. 移动工作表

选择工作表，右击，在弹出的快捷菜单中选择"移动或复制工作表"命令，打开"移动或复制工作表"对话框，在"工作簿"选项列表中默认显示当前工作簿名称，在"下列选定工作表之前"列表框中选择工作表移动到的位置，单击"确定"按钮，如图5-24所示，即可在当前工作簿中移动工作表。

如果用户需要将工作表移动到新工作簿中，则需要在"移动或复制工作表"对话框中单击"工作簿"下列按钮，在弹出的列表中选择"新工作簿"选项，如图5-25所示。

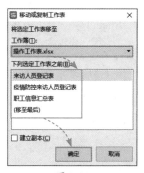　　

图 5-24　　　　　　　　图 5-25

知识点拨

用户选中需要移动的工作表，按住鼠标左键不放并拖动，可以快速移动工作表，如图5-26所示。

图 5-26

81

2. 复制工作表

选择需要复制的工作表，打开"移动或复制工作表"对话框，在"下列选定工作表之前"列表框中选择需要复制到的位置，勾选"建立副本"复选框，如图5-27所示，即可复制工作表。

在"工作簿"下拉列表中选择"新工作簿"选项，然后勾选"建立副本"复选框，即可将工作表复制到新工作簿中。

此外，选择需要复制的工作表，然后按住【Ctrl】键并按住鼠标左键不放拖动至合适位置，即可快速复制工作表，如图5-28所示。

图 5-27

图 5-28

5.2.5 设置工作表标签

系统默认的工作表标签名称为Sheet1、Sheet2、Sheet3等，为了方便查看工作表，可以为工作表重新命名，或为工作表标签设置颜色。

1. 重命名工作表

在工作表标签上双击，或在工作表上右击，在弹出的快捷菜单中选择"重命名"命令，如图5-29所示。工作表标签处于可编辑状态，输入名称即可。

2. 设置标签颜色

选择工作表，右击，在弹出的快捷菜单中选择"工作表标签颜色"选项，并从其级联菜单中选择合适的颜色，如图5-30所示，即可为工作表标签设置颜色。

图 5-29

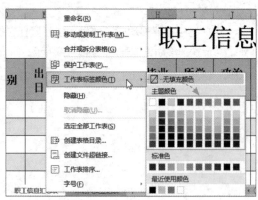

图 5-30

5.2.6 冻结与拆分窗口

当工作表中的数据过多时，为了方便查看数据，可以将工作表的窗格冻结。拆分窗口可以同时查看工作表分隔较远的部分。

1. 冻结窗格

选择工作表中任意单元格，打开"视图"选项卡，单击"冻结窗格"下拉按钮，在弹出的列表中根据需要进行选择，如图5-31所示。

若选择"冻结首行"选项，则向下查看数据时，第一行固定不变，一直显示。

若选择"冻结首列"选项，则向右查看数据时，A列固定不变，一直显示。

图 5-31

> **注意事项** 需要冻结窗格的工作表，不能有表头，否则冻结首行时，冻结的是工作表的表头，而不是列标题。

2. 拆分窗口

选择单元格，在"视图"选项卡中单击"拆分窗口"按钮，即可从所选单元格的左上方开始拆分，将当前工作表窗口拆分成4个大小可调的窗口，如图5-32所示。用户可以同时查看相隔较远的数据。

如果需要取消拆分窗口，在"视图"选项卡中单击"取消拆分"按钮即可。

	A	B	C	D	E	F	G	H	I	J	K	L	M
1	工号	姓名	所属部门	职务	性别	手机号码	出生日期	年龄	生肖	星座	身份证号码	户籍地	退休日期
2	DS-001	张强	财务部	经理	男	12912016871	1985-10-08	34	牛	天秤座	371313198510083111	山东临沂	2045-10-08
3	DS-002	李华	销售部	经理	男	18851542169	1991-06-12	28	羊	双子座	362414199106120435	江西吉安	2051-06-12
4	DS-003	李小	生产部	员工	女	13151111001	1992-04-30	28	猴	金牛座	331113199204304327	浙江丽水	2042-04-30
5	DS-004	杨荣	办公室	经理	女	13251532011	1981-12-09	38	鸡	射手座	130131198112097649	河北石家庄	2031-12-09
6	DS-005	艾佳	人事部	经理	女	13352323023	1998-09-10	21	虎	处女座	350132199809104661	福建福州	2048-09-10
7	DS-006	华龙	设计部	员工	男	13459833035	1991-06-13	28	羊	双子座	433126199106139871	湖南湘西	2051-06-13
8	DS-007	叶容	销售部	主管	女	13551568074	1986-10-11	33	虎	天秤座	341512198610111282	安徽六安	2036-10-11
9	DS-008	汪蓝	采购部	经理	男	13651541012	1988-08-04	31	龙	狮子座	132951198808041137	河北沧州	2048-08-04

图 5-32

动手练 将工作表设置为阅读模式

为了方便查看与当前单元格处于同一行/列的相关数据，可以将工作表设置为阅读模式，如图5-33所示。

	A	B	C	D	E	F	G	H	I	J	K	L	M
1	工号	姓名	所属部门	职务	性别	手机号码	出生日期	年龄	生肖	星座	身份证号码	户籍地	退休日期
2	DS-001	张强	财务部	经理	男	12912016871	1985-10-08	34	牛	天秤座	371313198510083111	山东临沂	2045-10-08
3	DS-002	李华	销售部	经理	男	18851542169	1991-06-12	28	羊	双子座	362414199106120435	江西吉安	2051-06-12
4	DS-003	李小	生产部	员工	女	13151111001	1992-04-30	28	猴	金牛座	331113199204304327	浙江丽水	2042-04-30
5	DS-004	杨荣	办公室	经理	女	13251532011	1981-12-09	38	鸡	射手座	130131198112097649	河北石家庄	2031-12-09
6	DS-005	艾佳	人事部	经理	女	13352323023	1998-09-10	21	虎	处女座	350132199809104661	福建福州	2048-09-10
7	DS-006	华龙	设计部	员工	男	13459833035	1991-06-13	28	羊	双子座	433126199106139871	湖南湘西	2051-06-13
8	DS-007	叶容	销售部	主管	女	13551568074	1986-10-11	33	虎	天秤座	341512198610111282	安徽六安	2036-10-11

图 5-33

打开"视图"选项卡，单击"阅读模式"下拉按钮，在弹出的列表中选择一种高亮颜色，如图5-34所示。此时，在工作表中选择单元格，和单元格处在同一行或列的单元格数据被高亮显示。

若想取消高亮显示单元格数据，再次单击"阅读模式"按钮即可。

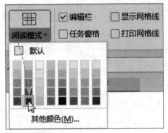

图 5-34

5.3 操作行列和单元格

工作表由若干个单元格组成，而单元格又构成了工作表的行和列，所以，在制作完美的数据表之前，需要对单元格进行编辑。

5.3.1 插入与删除行/列

当用户需要在数据表中补充新的数据时，可以在表格中插入行/列，也可以将不需要的行列删除。

1.插入行/列

选择行，右击，在弹出的快捷菜单中选择"插入"选项，在右侧的"行数"数值框中可以设置插入的行数，按【Enter】键确认，如图5-35所示，即可在所选行的上方插入新行。

选择列，右击，在弹出的快捷菜单中选择"插入"选项，在右侧的"列数"数值框中可以设置插入的列数，按【Enter】键确认，如图5-36所示，即可在所选列的左侧插入新列。

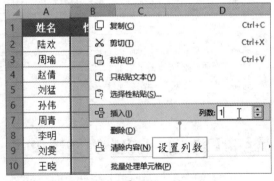

图 5-35　　　　　　　　　　　　　　　　　图 5-36

2.删除行/列

选择需要删除的行/列，右击，在弹出的快捷菜单中选择"删除"选项，即可将行/列删除，如图5-37所示。

WPS Office办公软件应用标准教程（实战微课版）

此外，选择需要删除的行/列，在"开始"选项卡中单击"行和列"下拉按钮，在弹出的列表中选择"删除单元格"选项，并从其级联菜单中选择"删除行"或"删除列"选项即可。

图 5-37

5.3.2　调整行高与列宽

系统默认的行高是13.5磅，默认的列宽是8.38字符。用户需要根据单元格的内容来调整表格的行高与列宽，使整个表格看起来更加舒适、美观。

1. 调整行高

选择需要调整行高的行，右击，在弹出的快捷菜单中选择"行高"选项，打开"行高"对话框，在"行高"数值框中输入行高值，如图5-38所示。单击"确定"按钮即可。

此外，将光标移至行号下方的分割线上，按住鼠标左键不放并拖动光标，也可以调整行高，如图5-39所示。

2. 调整列宽

选择需要调整列宽的列，右击，在弹出的快捷菜单中选择"列宽"选项，打开"列宽"对话框，在"列宽"数值框中输入列宽值，如图5-40所示。单击"确定"按钮即可。

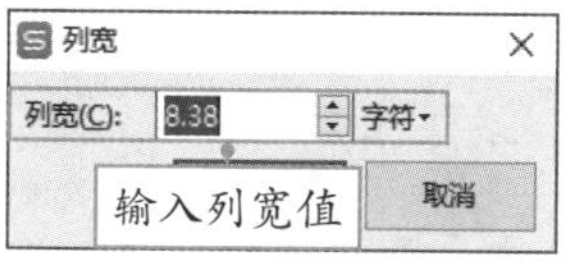

同样，将光标移至列标的右侧分割线，按住鼠标左键不放并拖动光标，即可调整列宽，如图5-41所示。

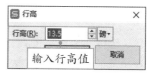

图 5-38

图 5-39

5.3.3　合并单元格

合并单元格就是将选择的多个单元格合并成一个单元格，以方便用户输入长数据。选择需要合并的单元格，在"开始"选项卡中单击"合并居中"下拉按钮，在弹出的列表中选择相应的选项，如图5-42所示，即可合并单元格。

若选择"合并居中"选项，则选择的单元格合并成一个单元格，并且单元格中只居中显示首个单元格中的内容。

若选择"合并单元格"选项，则合并后的单元格中的内容不会居中显示。

若选择"合并内容"选项，则所选单元格中的内容都合并到一个单元格中。

此外，若想取消对单元格的合并，则需要选择合并后的单元格，单击"合并居中"下拉按钮，在弹出的列表中选择"取消合并单元格"选项即可。

图 5-40

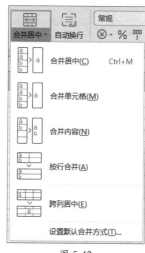

图 5-41

图 5-42

动手练 隐藏表格中的行或列

如果用户不希望他人查看表格中某一行或某一列中的数据，可以将其隐藏，如图5-43所示。需要的时候再将其显示出来，如图5-44所示。

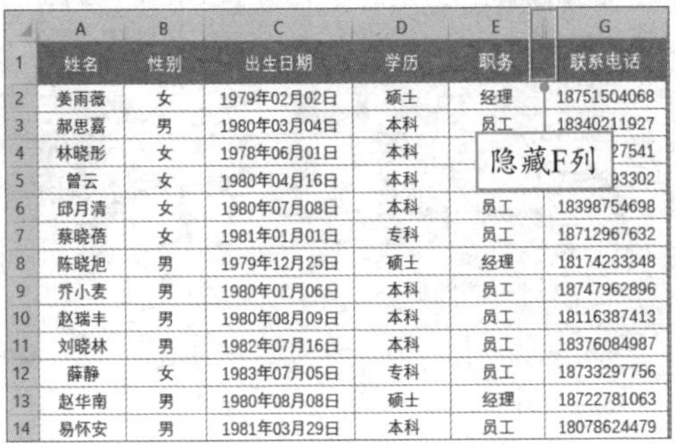

	A	B	C	D	E	G
1	姓名	性别	出生日期	学历	职务	联系电话
2	姜雨薇	女	1979年02月02日	硕士	经理	18751504068
3	郝思嘉	男	1980年03月04日	本科	员工	18340211927
4	林晓彤		1978年06月01日		隐藏F列	27541
5	曾云		1980年04月16日	本科		93302
6	邱月清	女	1980年07月08日	本科	员工	18398754698
7	蔡晓蓓	女	1981年01月01日	专科	员工	18712967632
8	陈晓旭	男	1979年12月25日	硕士	经理	18174233348
9	乔小麦	男	1980年01月06日	本科	员工	18747962896
10	赵瑞丰	男	1980年08月09日	本科	员工	18116387413
11	刘晓林	男	1982年07月16日	本科	员工	18376084987
12	薛静	女	1983年07月05日	专科	员工	18733297756
13	赵华南	男	1980年08月08日	硕士	经理	18722781063
14	易怀安	男	1981年03月29日	本科	员工	18078624479

图 5-43

	A	B	C	D	E	F	G
1	姓名	性别	出生日期	学历	职务	基本工资	联系电话
2	姜雨薇	女	1979年02月02日	硕士	经理	￥6,000	18751504068
3	郝思嘉	男	1980年03月04日	本科	员工	￥4,000	18340211927
4	林晓彤	男	1978年06月01日	本科	主管	￥5,000	18711327541
5	曾云	女	1980年04月16日	本科	员工	￥3,000	18121293302
6	邱月清	女	1980年07月08日	本科	员工	￥4,000	18398754698
7	蔡晓蓓	女	1981年01月01日	专科	显示F列	￥3,000	18712967632
8	陈晓旭	男	1979年12月25日	硕士	经理	￥7,000	18174233348
9	乔小麦	男	1980年01月06日	本科	员工	￥4,000	18747962896
10	赵瑞丰	男	1980年08月09日	本科	员工	￥4,000	18116387413
11	刘晓林	男	1982年07月16日	本科	员工	￥4,000	18376084987
12	薛静	女	1983年07月05日	专科	员工	￥3,000	18733297756
13	赵华南	男	1980年08月08日	硕士	经理	￥8,000	18722781063
14	易怀安	男	1981年03月29日	本科	员工	￥4,000	18078624479

图 5-44

选择需要隐藏的列，右击，在弹出的快捷菜单中选择"隐藏"选项，如图5-45所示，即可将选择的列隐藏。若想要将隐藏的列显示出来，则单击工作表左上角的按钮，选择整个工作表，然后在任意列上右击，在弹出的快捷菜单中选择"取消隐藏"选项即可，如图5-46所示。

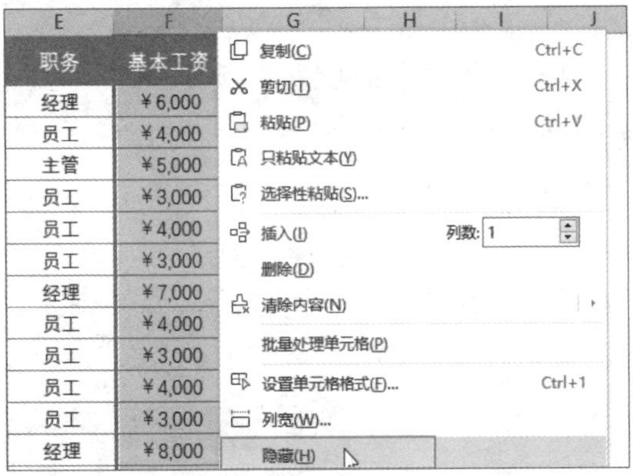

图 5-45

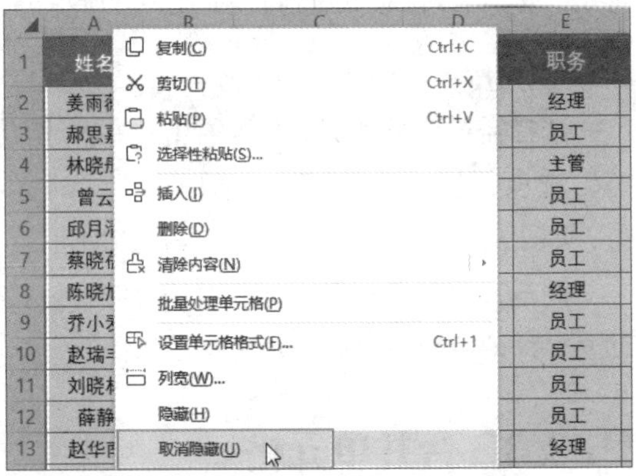

图 5-46

5.4 数据的录入

用户可以在单元格中输入各种类型的数据。例如，输入文本型数据、输入数值型数据、输入日期型数据、输入有序数据等。

5.4.1 录入文本

文本型数据包括中英文字符、空格、标点符号、特殊符号等。在输入文本时，用户可以选择单元格，直接输入文本内容，如图5-47所示。或者选择单元格后，将光标插入到"编辑栏"中，输入文本内容，如图5-48所示。然后按【Enter】键确认输入。

此外，在文本单元格中输入的数字也被视为文本型数据，而且单元格左上角通常会出现一个绿色的小三角，如图5-49所示。

图 5-47

图 5-48

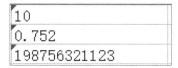

图 5-49

5.4.2　录入数字

数值型数据最常见的是数字，除此之外还包括百分数、会计专用、分数、科学记数等形式的数据，如图5-50所示。

负数	-30	整数	20
分数	1/2	小数	3.5
百分数	50%	会计专用	¥　321.00

图 5-50

用户可以直接在单元格中输入数字。此外，输入"负数"需要在数字前面添加一个"-"号或者给数字添加圆括号"（30）"。

输入"分数"需要先输入"0"和一个空格，然后输入分数。或者将"数字格式"设置为"分数"。

输入"百分数"需要直接输入数字，然后在后面加上"%"。或者将"数字格式"设置为"百分比"。

输入"小数"可以直接输入小数，或通过单击"开始"选项卡中的"增加小数位数"按钮和"减少小数位数"按钮来调整小数的位数。

动手练　输入人民币大写数字

扫码看视频

在制作会计之类的报表时，有时需要将数字金额更改成人民币大写金额，如图5-51所示。防止别人随意修改金额数据。

产品名称	规格	数量	单价	金额
商品A1	包	20	¥ 25	¥ 500
商品A2	包	31	¥ 65	¥ 2,015
商品B1	包	44	¥ 42	¥ 1,848
商品B4	包	65	¥ 78	¥ 5,070
商品C1	包	72	¥ 65	¥ 4,680
商品C2	包	36	¥ 89	¥ 3,204
商品G1	包	32	¥ 46	数字金额
商品G2	包	45	¥ 75	¥ 3,375
			总金额	¥ 22,164

产品名称	规格	数量	单价	金额
商品A1	包	20	¥ 25	¥ 500
商品A2	包	31	¥ 65	¥ 2,015
商品B1	包	44	¥ 42	¥ 1,848
商品B4	包	65	¥ 78	¥ 5,070
商品C1	包	72	¥ 65	¥ 4,680
商品C2	包	36	¥ 89	人民币大写数字
商品G1	包	32	¥ 46	
商品G2	包	45	¥ 75	¥ 3,375
			总金额	贰万贰仟壹佰陆拾肆元整

图 5-51

选择金额所在单元格，使用【Ctrl+1】组合键打开"单元格格式"对话框，在"数字"选项卡中选择"特殊"选项，在右侧"类型"列表框中选择"人民币大写"选项，如图5-52所示。单击"确定"按钮，即可将数字金额更改成人民币大写金额。

图 5-52

此外，选择单元格后，也可以直接输入人民币大写金额，如图5-53所示。

图 5-53

5.4.3 录入日期

标准日期格式分为长日期和短日期两种类型。长日期以"2020年6月11日"的形式显示，短日期以"2020/6/11"的形式显示。

当在单元格中输入"2020-6-11"这种日期形式时，按下【Enter】键后会自动以"2020/6/11"的形式显示。

此外，在单元格中输入日期后，可以选择日期所在单元格，使用【Ctrl+1】组合键打开"单元格格式"对话框，在"数字"选项卡中选择"日期"选项，在"类型"列表框可以选择设置日期的显示类型，如图5-54所示。

图 5-54

知识点拨

用户还可以使用【Ctrl+；】组合键快速输入当前日期；使用【Ctrl+Shift+；】组合键快速输入当前时间。

5.4.4 录入序列

序列就是像序号"1,2,3,4，…"或日期"2020/7/1,2020/7/2,2020/7/3，…"这种形式的有序数据，用户可以使用鼠标法填充或对话框法填充。

1. 鼠标法填充

在A2单元格中输入1，再次选择A2单元格，将光标移至单元格右下角，当光标变为十字形时双击，或按住鼠标左键不放并向下拖动光标，即可填充有序数据，如图5-55所示。

图 5-55

2. 对话框法填充

当要填充的数据较多，且对序列生成有明确的数量、间隔要求时，可以在"填充"命令下的"序列"对话框中操作。在"开始"选项卡中，单击"行和列"下拉按钮，在弹出的列表中选择"填充"选项，并从其级联菜单中选择"序列"选项，如图5-56所示。在打开的"序列"对话框中，可以设置序列的类型、步长值、终止值等，如图5-57所示。

图 5-56

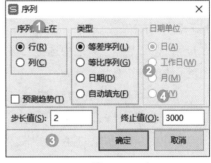

图 5-57

> **知识点拨**
>
> 等差序列就是后面数据减去前面数据等于一个固定的值。等比序列就是后面的数据除以前面的数据等于一个固定的值。这个固定值就是"步长值"。

动手练 **输入以0开头的序号**

当用户在单元格中输入以0开头的数字时，按【Enter】键后0不会显示出来，要想输入以0开头的序号，如图5-58所示，需要设置单元格的格式。

	A	B	C	D	E	F	G	H
1	序号	姓名	性别	出生日期	学历	职务	基本工资	联系电话
2	001	姜雨薇	女	1979年02月02日	硕士	经理	￥6,000	18751504068
3	002			1980年03月04日	本科	员工	￥4,000	18340211927
4	003			1978年06月01日	本科	主管	￥5,000	18711327541
5	004	曾云	女	1980年04月16日	本科	员工	￥3,000	18121293302

输入以0开头的序号

图 5-58

选择单元格区域，在"开始"选项卡中单击"数字格式"下拉按钮，在弹出的列表中选择"文本"选项，如图5-59所示，即可在单元格中输入以0开头的数据。

或者用户使用【Ctrl+1】组合键打开"单元格格式"对话框，在"数字"选项卡中选择"文本"选项即可。

此外，用户也可以在单元格中输入一个英文状态下的单引号，然后输入以0开头的数据，如图5-60所示。

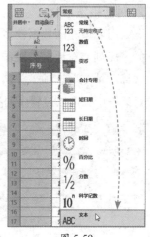

图 5-59

5.4.5 限制录入

在报表中输入数据时，有时会因为疏忽输入错误的数据，这时可以使用"有效性"功能，对某些数据的输入进行限制。例如，身份证号码通常是18位，为了防止多输或少输一位数字，可以限制数据的输入长度。

在"数据"选项卡中单击"有效性"按钮，打开"数据有效性"对话框，在"设置"选项卡中，在"允许"列表中选择"文本长度"，在"数据"列表中选择"等于"，在"数值"文本框中输入"18"，如图5-61所示。

用户也可以在"出错警告"选项卡中设置输入无效数据时显示的出错警告信息，如图5-62所示。当输入的身份证号码不是18位时就会弹出提示对话框，提醒用户输入不正确，如图5-63所示。

图 5-60

图 5-61

图 5-62

图 5-63

知识点拨

如果要清除数据有效性，则只需选择设置了数据有效性的区域，在打开的"数据有效性"对话框中，单击"全部清除"按钮即可。

动手练 使用下拉列表输入内容 ————————

扫码看视频

当用户需要在"部门"列中输入"行政部,财务部,生产部,销售部"信息时，如果不想手动一个个输入，则可以制作下拉列表，在下拉列表中选择输入，如图5-64所示。

WPS Office办公软件应用标准教程（实战微课版）

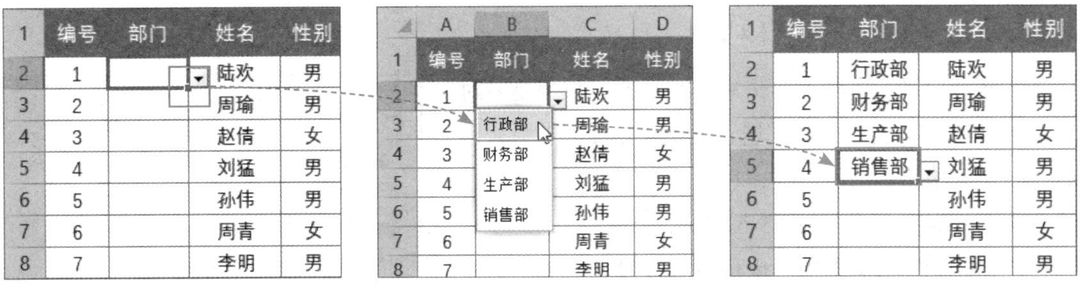

图 5-64

选择"部门"区域,在"数据"选项卡中单击"有效性"按钮,打开"数据有效性"对话框,在"设置"选项卡中,将"允许"设置为"序列",在"来源"文本框中输入"行政部,财务部,生产部,销售部",单击"确定"按钮,如图5-65所示。此时,用户就可以通过选择并单击单元格右侧下拉按钮,在弹出的列表中选择输入文本。

图 5-65

注意事项 在"来源"文本框中输入的"行政部,财务部,生产部,销售部"文本之间要用英文逗号隔开。

📃 5.5 美化数据表

一个漂亮的数据表看起来更加赏心悦目。所以美化数据表也是至关重要的一个操作环节。用户不仅需要对数据表中的内容进行美化,还需要对数据表的边框进行美化。

5.5.1 设置字体格式

在WPS表格中,单元格中默认的字体是"宋体",字号是"11",用户如果需要更改字体格式,则需要选择单元格,在"开始"选项卡中单击"字体设置"对话框启动器按钮,在打开的"单元格格式"对话框中选择"字体"选项卡,在该选项卡中设置字体、字形、字号、字体颜色等,如图5-66所示。

此外,用户也可以在"开始"选项卡中直接设置字体格式。

图 5-66

5.5.2　设置对齐方式

默认情况下，表格中的文本是左对齐，数字是右对齐。选择单元格或单元格区域，使用【Ctrl+1】组合键打开"单元格格式"对话框，在"对齐"选项卡中可以设置文本的对齐方式，如图5-67所示。

在"开始"选项卡中，也可以直接设置文本的对齐方式。

图 5-67

5.5.3　设置边框效果

在工作表中输入的数据，默认都是无边框的，为了使数据看起来更加清晰、直观，一般需要为表格设置边框效果。选择需要设置边框的单元格区域，右击，在弹出的快捷菜单中选择"设置单元格格式"命令。打开"单元格格式"对话框，在"边框"选项卡中，选择合适的线条样式，单击"颜色"下拉按钮，在弹出的列表中选择线条颜色，然后单击"内部"按钮，将线条样式应用到表格的内部边框上，同理，单击"外边框"按钮，可以将设置的线条样式应用到表格的外边框上，如图5-68所示。

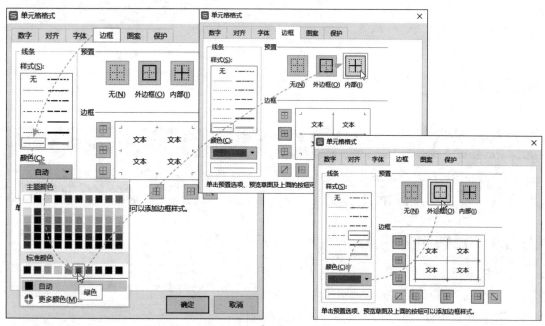

图 5-68

此外，在"开始"选项卡中单击"绘图边框"下拉按钮，如图5-69所示。在弹出的列表中选择"线条样式"和"线条颜色"，然后选择"绘图边框网格"选项，绘制表格的内部框线，选择"绘图边框"选项，绘制表格的外边框。

图 5-69

5.5.4　设置底纹效果

为单元格或单元格区域设置底纹，不仅可以达到美化表格的效果，还可以突出重点内容。选择单元格区域，在"开始"选项卡中单击"填充颜色"下拉按钮，在弹出的列表中选择合适的底纹颜色即可，如图5-70所示。

为单元格区域设置底纹颜色后，在"填充颜色"列表中选择"无填充颜色"选项，即可取消底纹效果。

图 5-70

5.5.5　套用表格样式

WPS表格为用户提供了"浅""中等""深"三种类型的表格样式。选择表格区域，在"开始"选项卡中单击"表格样式"下拉按钮，在弹出的列表中选择一种合适的样式，如图5-71所示。弹出"套用表格样式"对话框，直接单击"确定"按钮，如图5-72所示，即可为表格套用所选样式。

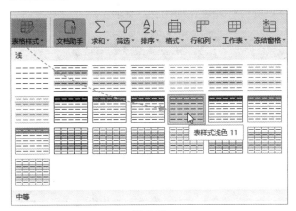

图 5-71

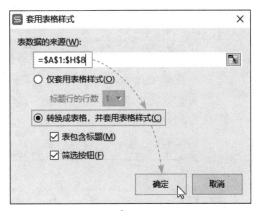

图 5-72

在"套用表格样式"对话框中若选择"转换成表格，并套用表格样式"选项，则为表格套用样式的同时将其转换成智能表格，方便对数据进行筛选。若不想将表格转换成智能表格，在"套用表格样式"对话框中选择"仅套用表格样式"选项即可。

动手练 快速设置隔行填充效果

为了便于阅读表格中的数据，需要将表格的样式设置成隔行填充底纹，如图5-73所示。用户可以直接套用表格样式快速设置隔行填充效果。

	A	B	C	D	E	F	G	H
1	姓名	性别	身份证号	家庭详细地址	联系电话	体温	来访事由	备注
2	张云	女	320356********1458	江苏省徐州市泉山区	187****4061	36.2	探亲	
3	李海	男	320356********1459	山东省济南市长清区	187****4062	36.1	探亲	
4	胡可	女	320356********1460	安徽省合肥市蜀山区	187****4063	36.8	探亲	
5	刘梅	女	320356********1461	湖南省长沙市开福区	187****4064	37.1	探亲	
6	赵信	男	320356********1462	江苏省徐州市鼓楼区	187****4065	37.1	探亲	
7	张飞	男	320356********1463	河北省石家庄长安区	187****4066	36.9	探亲	
8	陈宇	男	320356********1464	陕西省西安市新城区	187****4067	37.3	探亲	

图 5-73

选择单元格区域，在"开始"选项卡中单击"表格样式"下拉按钮，在弹出的列表中选择"中等"选项下的"表样式中等深浅7"选项，如图5-74所示，弹出"套用表格样式"对话框，选中"仅套用表格样式"单选按钮，单击"确定"按钮即可。

为表格套用样式后，打开"视图"选项卡，取消勾选"显示网格线"复选框，让表格更加清晰地展示出来。

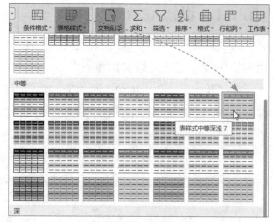

图 5-74

案例实战：制作客户资料管理表

为了增强顾客服务，与客户建立起长期、稳定、相互信任的密切关系，公司一般会对客户资料进行管理。下面就利用本章所学知识制作客户资料管理表，如图5-75所示。

	A	B	C	D	E	F	G	H	I
1	客户编号	公司名称	联系人	联系人职务	联系方式	城市	通讯地址	邮政编码	电话与传真
2	001	德胜科技	赵然	经理	18754128963	成都	锦江区华业大厦	610000	010-8655***2
3	002	华夏商贸	李鹏	经理	18769878233	南京	玄武区金建大厦	210000	010-1233***3
4	003	蓝天科技	刘雯	主管	15369874521	北京	东城区万方商城	100000	010-7841***4
5	004	小何科技	孙琦	主任	15898753632	上海	黄浦区长寿大厦	200000	010-2358***5
6	005	天成国际商贸	李佳	主管	18751504069	广州	海珠区骏和大厦	510000	010-4178***6
7	006	旷世科技	王晓	总经理	13978541231	徐州	泉山区科技园	221000	010-6987***7
8	007	博雅股份科技	赵梦	经理	17452369871	北京	数楼区华泰大厦	210000	010-3658***8
9	008	蓝思网络科技	刘曦	主管	12987523659	北京	西城区天银大厦	100000	010-1478***9
10	009	小夜商贸	孙媛	主管	13978523694	长沙	天心区路桥大厦	410000	010-6987***1
11	010	星轮外贸	周伟	经理	15786236987	扬州	江都区建安大厦	225200	010-2389***3

图 5-75

Step 01 新建空白工作簿。右击，新建一个空白工作簿，打开工作簿，双击Sheet1工作表标签，将其重新命名为"客户资料管理表"，然后在工作表中输入列标题，如图5-76所示。

Step 02 输入客户编号。选择A2:A11单元格区域，使用【Ctrl+1】组合键打开"单元格格式"对话框，在"数字"选项卡中选择"自定义"选项，并在"类型"文本框中输入"00#"，单击"确定"按钮，接着选择A2单元格，输入001，将光标移至A2单元格右下角，按住鼠标左键不放，向下拖动光标至A11单元格，填充客户编号，如图5-77所示。

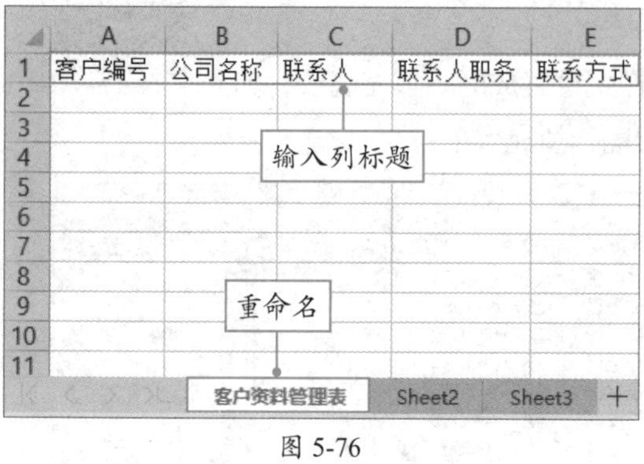

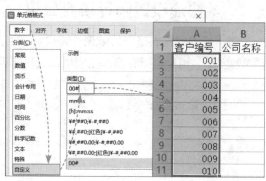

图 5-76

图 5-77

Step 03 限制输入联系方式。选择E2:E11 单元格区域，打开"数据"选项卡，单击"有效性"按钮，弹出"数据有效性"对话框，将"允许"设置为"文本长度"，将"数据"设置为"等于"，在"数值"文本框中输入"11"，单击"确定"按钮，限制只能输入11位的联系方式，如图5-78所示。

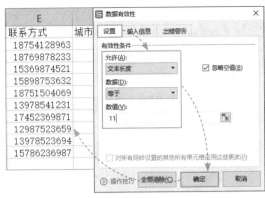

图 5-78

Step 04 套用表格样式。输入"公司名称""联系人""联系人职务""城市""通讯地址"等信息，接着选择A1:I11单元格区域，在"开始"选项卡中单击"表格样式"下拉按钮，在弹出的列表中选择"表样式中等深浅16"选项，弹出"套用表格样式"对话框，单击"确定"按钮，如图5-79所示。为表格套用所选样式。

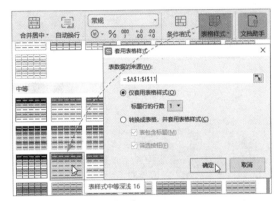

图 5-79

Step 05 设置字体格式。选择A1:I1单元格区域，在"开始"选项卡中，将字体设置为"等线"，将字号设置为"12"，接着选择A2:I11单元格区域，将字体设置为"等线"，字号设置为"11"，如图5-80所示。

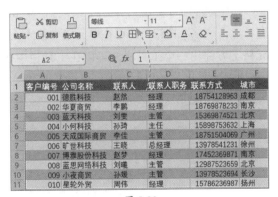

图 5-80

Step 06 设置对齐方式。选择A1:I11单元格区域，在"开始"选项卡中单击"水平居中"按钮，然后调整行高和列宽，打开"视图"选项卡，取消勾选"显示网格线"复选框即可，如图5-81所示。

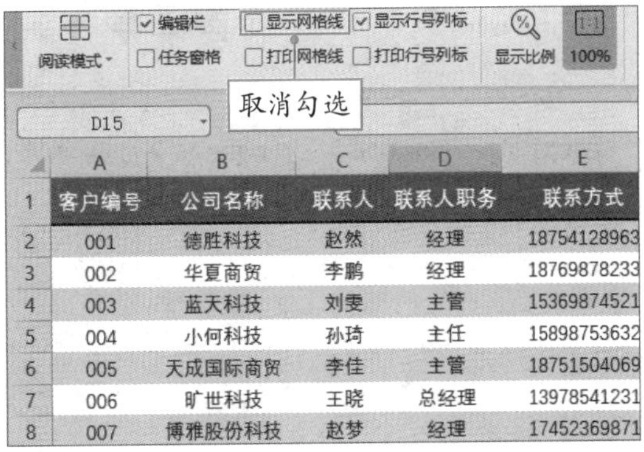

图 5-81

移动端WPS Office和计算机端一样，都可以新建一个空白工作簿，然后在工作表中输入相关内容，下面详细讲解操作步骤。

Step 01 打开WPS Office软件，进入WPS界面，在该界面中点击"+"按钮，如图5-82所示。

Step 02 弹出一个面板，在这个面板中可以新建文档、新建演示和新建表格，这里选择"新建表格"，如图5-83所示。

图 5-82

图 5-83

Step 03 打开"新建表格"界面，选择"新建空白"选项，如图5-84所示。

Step 04 即可新建一个空白工作簿，双击A1单元格，弹出一个输入框，在文本框中输入内容，点击"√"按钮，即可在单元格中输入文本内容，输入内容后，再次点击A1单元格，在单元格上方弹出一个工具栏，可以在工具栏中执行复制、粘贴、剪切、填充、清除内容等，如图5-85所示。

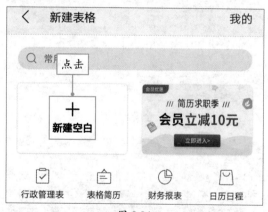

图 5-84

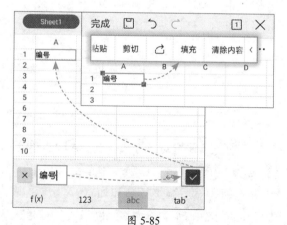

图 5-85

第6章
处理与分析数据

WPS表格最强大的功能就是对数据的处理与分析，可以帮助用户在日常办公中处理数据、统计分析等，大大提高工作效率。本章将对数据的排序、筛选、分类汇总、条件格式的应用以及数据透视表的使用等进行全面介绍。

⏚ 6.1 数据排序

对数据进行排序是数据处理最常规的操作，一般分为简单排序、复杂排序和自定义排序，用户需要根据实际情况对数据进行排序。

6.1.1 简单排序

简单排序多指对表格中的某一列进行排序。只需要选中某一列中的任意单元格，在"数据"选项卡中单击"升序"或"降序"按钮，如图6-1所示，即可对该列数据进行升序或降序排序。

- **升序排序**：数据按照从小到大进行排序。
- **降序排序**：数据按照从大到小进行排序。

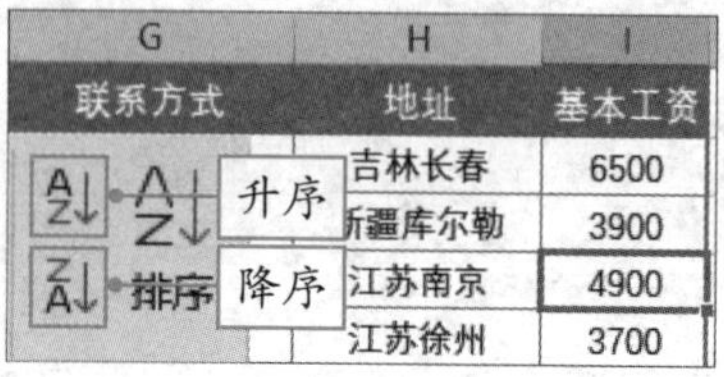

图 6-1

6.1.2 复杂排序

复杂排序是对工作表中的数据按照两个或两个以上的关键字进行排序。选择数据表中任意单元格，在"数据"选项卡中单击"排序"按钮，打开"排序"对话框，设置"主要关键字"，如图6-2所示。单击"添加条件"按钮，然后设置"次要关键字"，如图6-3所示。单击"确定"按钮，数据表中的"部门"列数据按照"升序"进行排序，而"基本工资"列中的数据按照"部门"降序排序。

图 6-2

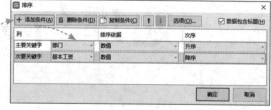

图 6-3

6.1.3 自定义排序

如果需要按照特定的类别顺序进行排序，例如，按照经理、主管、员工这类顺序进行排序，则可以创建自定义序列。打开"排序"对话框，设置"主要关键字"，单击"次序"下拉按钮，在弹出的列表中选择"自定义序列"选项，打开"自定义序列"对话框，在"输入序列"文本框中输入类别顺序，单击"添加"按钮，将序列添加到"自定义序列"文本框中，如图6-4所示。单击"确定"按钮，即可按照自定义的序列进行排序。

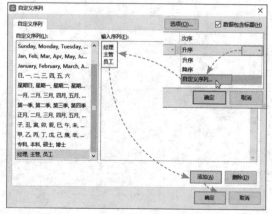

图 6-4

动手练 按笔画排序

扫码看视频

对文本类型的数据进行排序时，默认情况下是按照拼音进行升序或降序排序，如图6-5所示。用户也可以按照笔画进行排序，如图6-6所示。

	A	B	C	D	E
1	编号	姓名	性别	出生日期	部门
2	DS12	白丽	女	1982年04月30日	销售部
3	DS13	陈娟	女	1982年05月01日	行政部
4	DS09	陈晓	男	1986年10月10日	财务部
5	DS16	陈玉	女	1982年05月04日	生产部
6	DS15	邓华	男	1980年09月16日	研发部
7	DS11	董弦		按拼音排序 月29日	财务部
8	DS10	杜梅		1972年06月15日	行政部
9	DS21	段林	男	1989年05月10日	销售部
10	DS23	黄文	男	1994年06月01日	研发部
11	DS24	李虎	男	1992年10月01日	行政部
12	DS04	李明	男	1975年10月12日	财务部

图 6-5

	A	B	C	D	E
1	编号	姓名	性别	出生日期	部门
2	DS02	王学	女	1981年06月15日	生产部
3	DS15	邓华	男	1980年09月16日	研发部
4	DS12	白丽	女	1982年04月30日	销售部
5	DS05	刘元	男	1983年07月05日	销售部
6	DS27	刘华	男	1988年02月12日	研发部
7	DS07	刘欢		按笔画排序 月18日	研发部
8	DS10	杜梅	女	1972年06月15日	行政部
9	DS26	李秀	女	1991年07月09日	财务部
10	DS24	李虎	男	1992年10月01日	行政部
11	DS04	李明	男	1975年10月12日	财务部
12	DS17	李娜	女	1992年07月01日	财务部

图 6-6

选择"姓名"列任意单元格，打开"数据"选项卡，单击"排序"按钮，打开"排序"对话框，将"主要关键字"设置为"姓名"，将"次序"设置为"升序"，单击"选项"按钮，如图6-7所示。打开"排序选项"对话框，在"方式"选项中选中"笔画排序"单选按钮，单击"确定"按钮，如图6-8所示。返回"排序"对话框，直接单击"确定"按钮，即可将"姓名"列中的数据按照笔画顺序升序排序。

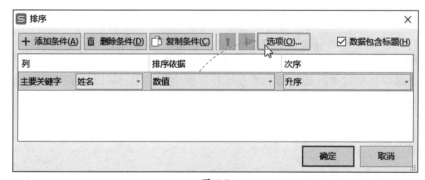

图 6-7

图 6-8

为了更好地区分单元格中的数据，用户有时会为单元格中的字体设置颜色，如图6-9所示。此时，用户可以按照字体颜色对数据进行排序，如图6-10所示。

B	C	D	E	F	G
姓名	性别	出生日期	部门	学历	联系方式
李明	男	1975年10月12日	财务部	专科	133****4024
赵薇	女	1980年07月05日	销售部	硕士	139****4021
王学	女	1981年06月15日	生产部	本科	131****4022
张红	女	1980年07月09日	生产部	专科	137****4028
邓华	男	1980年09月16日	研发部	博士	189****4035
段林	男	1989年05月10日	销售部	专科	159****4041
黄文	男	1994年06月01日	研发部	博士	169****4043
李虎	男	1992年10月01日	行政部	本科	181****4044
李烨	男	1995年03月21日	生产部	硕士	135****4045
李秀	女	1991年07月09日	财务部	本科	167****4046
刘华	男	1988年02月12日	研发部	本科	150****4047
张宇	男	1985年03月23日	销售部	专科	157****4048
赵玉	女	1982年04月05日	行政部	硕士	158****4049

图 6-9

B	C	D	E	F	G
姓名	性别	出生日期	部门	学历	联系方式
李明	男	1975年10月12日	财务部	专科	133****4024
张红	女	1980年07月09日	生产部	专科	137****4028
段林	男	1989年05月10日	销售部	专科	159****4041
张宇	男	1985年03月23日	销售部	专科	157****4048
王学	女	1981年06月15日	生产部	本科	131****4022
李虎	男	1992年10月01日	行政部	本科	181****4044
李秀	女	1991年07月09日	财务部	本科	167****4046
刘华	男	1988年02月12日	研发部	本科	150****4047
赵薇	女	1980年07月05日	销售部	硕士	139****4021
李烨	男	1995年03月21日	生产部	硕士	135****4045
赵玉	女	1982年04月05日	行政部	硕士	158****4049
邓华	男	1980年09月16日	研发部	博士	189****4035
黄文	男	1994年06月01日	研发部	博士	169****4043

按字体颜色排序

图 6-10

选择表格中任意单元格，打开"数据"选项卡，单击"排序"按钮，打开"排序"对话框，将"主要关键字"设置为"学历"，将"排序依据"设置为"字体颜色"，单击"自动"下拉按钮，在弹出的列表中选择需要排在顶端的颜色，如图6-11所示。这里选择红色，单击"添加条件"按钮，添加"次要关键字"，然后依次设置"排序依据"和"次序"，如图6-12所示。单击"确定"按钮，即可按照设置的字体颜色对"学历"进行排序。

图 6-11

图 6-12

6.2 数据筛选

筛选就是从众多的数据中将符合条件的数据快速查找并显示出来。用户可以按照需要筛选数值、文本、日期等，也可以按照多个条件筛选数据。

6.2.1 筛选数值

筛选数值就是对数值型数据进行筛选。例如，将"购置金额"大于5000的相关信息筛选出来。选择表格中任意单元格，打开"数据"选项卡，单击"自动筛选"按钮进入筛选状态，单击"购置金额"筛选按钮，在弹出的面板中单击"数字筛选"按钮，并选择"大于"选项，如图6-13所示。打开"自定义自动筛选方式"对话框，在"购置金额"下方的文本框中输入"5000"，单击"确定"按钮，即可将"购置金额"大于5000的相关信息筛选出来，如图6-14所示。

如果用户想要清除筛选结果，则在"数据"选项卡中单击"自动筛选"按钮，取消其选中状态即可。

图 6-13 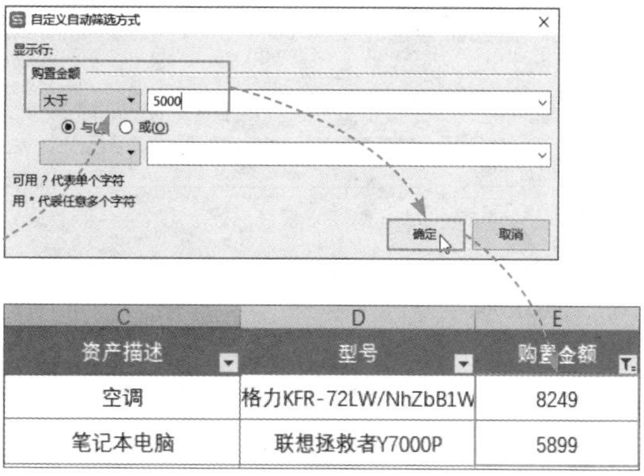   图 6-14

6.2.2　筛选文本

筛选文本就是按文本特征进行筛选。例如，将"资产描述"中的"扫描仪"相关信息筛选出来。选择表格中任意单元格，使用【Ctrl+Shift+L】组合键进入筛选状态，单击"资产描述"筛选按钮，在弹出的面板中取消勾选"全选"复选框，并勾选"扫描仪"复选框，如图6-15所示。单击"确定"按钮，即可将"扫描仪"相关信息筛选出来，如图6-16所示。

用户在"内容筛选"选项下方的文本框中输入"扫描仪"，然后按【Enter】键确认，也可以将"扫描仪"相关信息筛选出来。

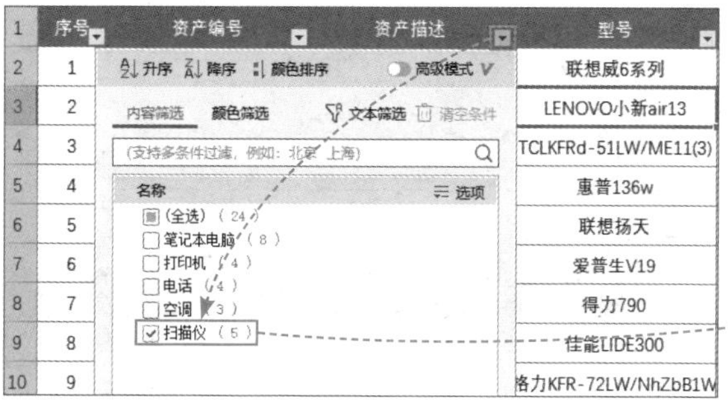

图 6-15 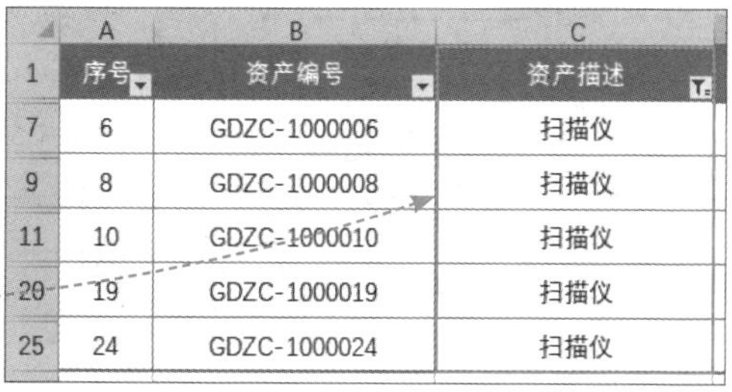   图 6-16

注意事项 对数据进行筛选，是将符合条件的数据筛选出来，不符合条件的数据只是被隐藏起来，并没有被删除。

此外，如果要对指定形式或包含指定字符的文本进行筛选，可以在筛选数据时使用通配符来辅助筛选。例如，将带有"爱普生"的型号筛选出来。选择表格中任意单元格，使用【Ctrl+Shift+L】组合键进入筛选状态，单击"型号"筛选按钮，在弹出的面板中单击"文本筛选"按钮，并选择"自定义筛选"选项，如图6-17所示。弹出"自定义自动筛选方式"对话框，在"型号"下方的文本框中输入"爱普生*"，单击"确定"按钮，即可将包含"爱普生"的型号筛选出来，如图6-18所示。

通配符*代表任意多个字符，?代表单个字符，并且必须是在英文状态下输入。

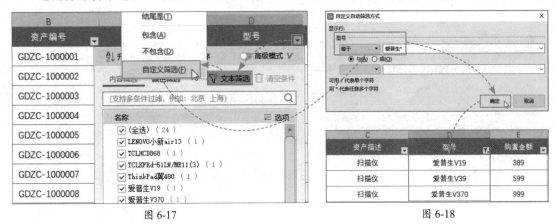

图 6-17　　　　　　　　　　　　　　　　　　图 6-18

6.2.3　筛选日期

筛选日期就是对日期型数据进行筛选。例如，将"启用日期"在"2019年3月1日到2020年3月1日"之间的相关信息筛选出来。选择表格中任意单元格，使用【Ctrl+Shift+L】组合键，进入筛选状态，单击"启用日期"筛选按钮，在弹出的面板中单击"日期筛选"按钮，并选择"介于"选项，如图6-19所示。打开"自定义自动筛选方式"对话框，在"在以下日期之后或与之相同"后面的文本框中输入"2019/3/1"，然后在"在以下日期之前或与之相同"后面的文本框中输入"2020/3/1"，单击"确定"按钮，即可将相关信息筛选出来，如图6-20所示。

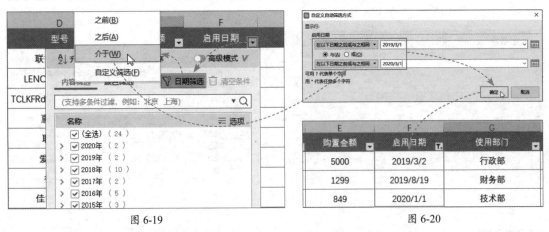

图 6-19　　　　　　　　　　　　　　　　　　图 6-20

知识点拨

　　筛选数据后，再次单击"筛选"按钮，在弹出的面板中单击"清空条件"按钮，可以清除筛选结果，但保留筛选按钮。

6.2.4 高级筛选

当用户需要按照指定的多个条件筛选数据时，可以使用高级筛选功能。例如，将"产品名称"是"橡皮擦"，并且"单价"大于"3"，或者"金额"大于"3000"的订单信息筛选出来。首先需要在表格的下方创建筛选条件，如图6-21所示。然后选择表格中任意单元格，在"数据"选项卡中单击"高级筛选"按钮，如图6-22所示。打开"高级筛选"对话框，在"方式"选项中，可以设置筛选结果存放的位置，这里选中"在原有区域显示筛选结果"单选按钮，然后设置"列表区域"和"条件区域"，单击"确定"按钮，如图6-23所示，即可将符合条件的数据筛选出来，如图6-24所示。

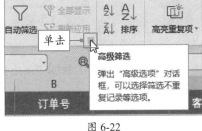

图 6-21	图 6-22	图 6-23

注意事项 创建筛选条件时，其列标题必须与需要筛选的表格数据的列标题一致，否则无法筛选出正确结果。

其中"列表区域"表示要进行筛选的单元格区域，也就是整个数据表。"条件区域"表示包含指定筛选数据条件的单元格区域，也就是创建的筛选条件区域。

	A	B	C	D	E	F	G	H	I
1	序号	订单号	订单日期	客户名称	产品名称	规格	数量	单价	金额
6	5	202005	2020/1/20	蓝天百货	橡皮擦	43*17*10.3mm	500	3.9	1950
9	8	202008	2020/1/29	华夏商贸	便利贴	76*76mm	320	9.9	3168
11	10	202010	2020/1/29	德胜书坊	橡皮擦	62*22*12mm	420	6	2520
15	14	202014	2020/1/29	德胜书坊	便利贴	98*98mm	390	10	3900
25	24	202024	2020/1/15	华夏商贸	笔记本	A6	320	15	4800
32									
33	产品名称	单价	金额						
34	橡皮擦	>3							
35			>3000						

图 6-24

知识点拨

设置筛选条件时，当条件都在同一行时，表示"与"关系，当条件不在同一行时，表示"或"关系。

动手练 筛选不重复的记录

制作报表时，有时会因为疏忽输入重复的数据，如果数据非常多，核查起来非常麻烦，此时就可以使用高级筛选功能，将不重复的数据筛选出来，如图6-25所示。

订单号	订单日期	产品名称	规格
202001	2020/1/1	直尺	20cm
202002	2020/1/4	中性笔	0.5mm（黑）
202001	2020/1/1	直尺	20cm
202003	2020/1/10	固体胶棒	110*30mm
202004	2020/1/15	笔记本	A5
202005	2020/1/20	橡皮擦	43*17*10.3mm
202006	2020/1/25	便利贴	19*76mm
202005	2020/1/20	橡皮擦	43*17*10.3mm
202006	2020/1/25	便利贴	19*76mm
202007	2020/1/1	笔记本	B5
202008	2020/1/29	便利贴	76*76mm
202009	2020/1/15	直尺	150mm
202010	2020/1/29	橡皮擦	62*22*12mm
202011	2020/1/10	固体胶棒	95*25mm

订单号	订单日期	产品名称	规格	数量	单价	金额
202001	2020/1/1	直尺	20cm	100	1.2	120
202002	2020/1/4	中性笔	0.5mm（黑）	120	2	240
202003	2020/1/10	固体胶棒	110*30mm	300	3.5	1050
202004	2020/1/15	笔记本	A5	250	2.5	625
202005	2020/1/20	橡皮擦	43*17*10.3mm	500	3.9	1950
202006	2020/1/25	便利贴	19*76mm	230	2	460
202007	2020/1/1	笔记本	B5	180	4	720
202008	2020/1/29	便利贴	76*76mm	320	9.9	3168
202009	2020/1/15	直尺	150mm	150	3.5	525
202010	2020/1/29	橡皮擦	62*22*12mm	420	6	2520
202011	2020/1/10	固体胶棒	95*25mm	350	4	1400

图 6-25

选择表格中任意单元格，打开"数据"选项卡，单击"高级筛选"按钮，打开"高级筛选"对话框，选中"在原有区域显示筛选结果"单选按钮，然后设置"列表区域"，删除"条件区域"文本框中的区域范围，最后勾选"选择不重复的记录"复选框，单击"确定"按钮，如图6-26所示，即可将不重复的数据筛选出来。

图 6-26

6.3 条件格式

条件格式可以突显单元格中的一些规则，除此之外，还可以使用条件格式中的数据条、色阶、图标集等区别显示数据的不同范围。

6.3.1 突出显示指定数据

通过条件格式中的"突出显示单元格规则"命令，可以突出显示指定数据的单元格。例如，将"数量"大于400的单元格突出显示出来。选择"数量"列中的数据区域，在"开始"选项卡中单击"条件格式"下拉按钮，在弹出的列表中选择"突出显示单元格规则"选项，并从其级联菜单中选择"大于"选项，如图6-27所示。弹出"大于"对话框，在"为大于以下值的单元格设置格式"文本框中输入"400"，然后在"设置为"列表中选择"浅红填充色深红色文本"选项，单击"确定"按钮，即可将"数量"大于400的单元格突出显示出来，如图6-28所示。

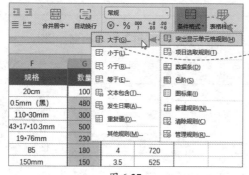

图 6-27

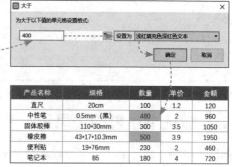

图 6-28

6.3.2 使用数据条

使用数据条可以快速为一组数据设置底纹颜色，并根据数值的大小自动调整长度。数值越大，数据条越长；数值越小，数据条越短。选择需要添加数据条的单元格区域，在"开始"选项卡中单击"条件格式"下拉按钮，在弹出的列表中选择"数据条"选项，并从其级联菜单中选择合适的填充颜色，如图6-29所示，即可为所选单元格区域添加数据条，如图6-30所示。

图 6-29   图 6-30

6.3.3 使用色阶

使用色阶功能，可以展示数据的整体分布情况，以便直观地了解整体效果。选择单元格区域，在"开始"选项卡中单击"条件格式"下拉按钮，在弹出的列表中选择"色阶"选项，并从其级联菜单中选择合适的色阶样式即可，如图6-31所示。

6.3.4 使用图标集

图标集用于标示数据属于哪一个区段及当前的状态。选择单元格区域，在"开始"选项卡中单击"条件格式"下拉按钮，在弹出的列表中选择"图标集"选项，并从其级联菜单中选择合适的图标集样式，如图6-32所示，即可为所选单元格区域添加图标集。

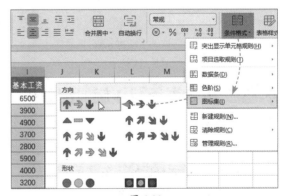

图 6-31   图 6-32

6.3.5 新建和管理规则

规则是用户在条件格式下查看数据、分析数据时的准则，主要用于筛选并突出显示所选单元格区域中的数据。

1. 新建规则

选择单元格区域，在"开始"选项卡中单击"条件格式"下拉按钮，在弹出的列表中选择"新建规则"选项，打开"新建格式规则"对话框，在"选择规则类型"列表框中选择需要的类型，这里选择"基于各自值设置所有单元格的格式"选项，然后在"编辑规则说明"列表框中设置"格式样式""根据以下规则显示各个图标"等选项，如图6-33所示。单击"确定"按钮，即可为所选单元格区域设置图标集。

图 6-33

2. 管理规则

在"开始"选项卡中单击"条件格式"下拉按钮，在弹出的列表中选择"管理规则"选项，打开"条件格式规则管理器"对话框，在该对话框中选择某个规则，单击"编辑规则"按钮，可以对规则进行编辑操作；单击"删除规则"按钮，可以将规则删除；单击"新建规则"按钮，可以继续新建规则，如图6-34所示。

此外，如果用户需要清除设置的条件格式，则可以在"条件格式"列表中选择"清除规则"选项，并从其级联菜单中根据需要进行选择即可，如图6-35所示。

图 6-34

图 6-35

动手练 用数据条制作旋风图效果

使用数据条除了可以直观反映数据大小，还可以用来对比数据，这里就使用数据条制作旋风图，对比商品的销量情况，如图6-36所示。

选择B2:B8单元格区域，在"开始"选项卡中单击"条件格式"下拉按钮，在弹出的列表中选择"数据条"选项，并从其级联菜单中选择合适的填充颜色。按照同样的方法，为C2:C8单元格区域添加数据条。

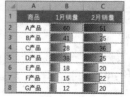

图 6-36

接着选择B2:B8单元格区域,在"条件格式"列表中选择"管理规则"选项,打开"条件格式规则管理器"对话框,单击"编辑规则"按钮,打开"编辑规则"对话框,将"最小值"和"最大值"的类型设置为"数字",然后在"最大值"文本框中输入80,将"条形图方向"设置为"从右到左",单击"确定"按钮,如图6-37所示。按照同样的方法,设置C2:C8单元格区域数据条的"最小值"和"最大值",最后将数据分别设置为"左对齐"和"右对齐"。

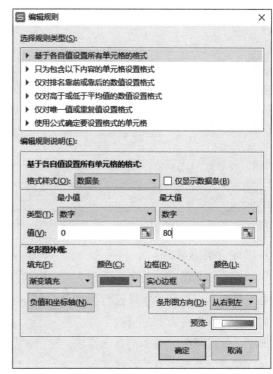

图 6-37

知识点拨

由于两组数据的最大值为60,所以将数据条的"最大值"设置为80,这样可以为数据留出空间,防止遮挡最大的数值。

6.4 分类汇总数据

在日常工作中,有时需要对表格中的数据进行汇总统计,这时可以使用"分类汇总"功能,对数据进行统计汇总操作。

6.4.1 创建分类汇总

用户可以根据需要对数据进行单项分类汇总和多项分类汇总。

1. 单项分类汇总

单项分类汇总,就是按照一个字段进行汇总。首先对需要分类的字段进行"升序"或"降序"排序,如图6-38所示。然后选择表格中任意单元格,打开"数据"选项卡,单击"分类汇总"按钮,打开"分类汇总"对话框,设置"分类字段""汇总方式"和"选定汇总项",单击"确定"按钮,如图6-39所示,即可按照"客户名称"分类对"金额"数据进行汇总。

图 6-38

图 6-39

2. 多项分类汇总

多项分类汇总，是在一个分类汇总的基础上，对其他字段进行再次分类汇总。首先对需要分类的字段进行排序，然后单击"分类汇总"按钮，在打开的"分类汇总"对话框中设置第一个分类字段，如图6-40所示。设置好后再次打开"分类汇总"对话框，从中设置第二个字段即可，如图6-41所示。

图 6-40

图 6-41

注意事项 在设置第二个字段时，需要取消勾选"替换当前分类汇总"复选框，否则该字段的分类汇总会覆盖上一次的分类汇总结果。

6.4.2 创建分级显示

在WPS表格中，用户可以通过"创建组"功能，分别创建行分级显示和列分级显示。选择需要分级显示的行，在"数据"选项卡中单击"创建组"按钮，如图6-42所示。系统会自动显示所创建的行分级，如图6-43所示。同理，选择需要分级显示的列，单击"创建组"按钮，系统会自动显示所创建的列分级。

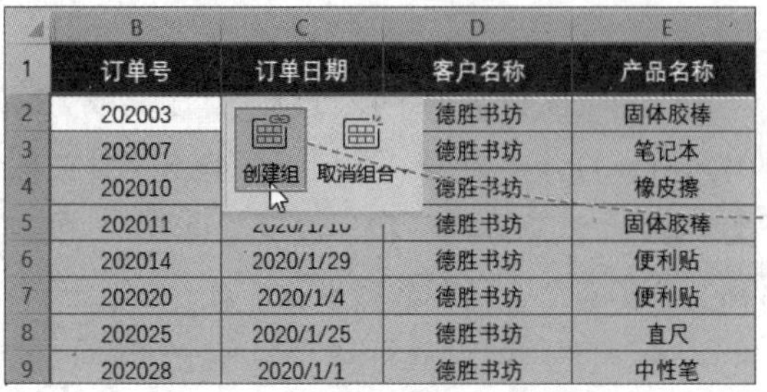

图 6-42

图 6-43

此外，当用户不需要在工作表中分级显示时，可以在"数据"选项卡中单击"取消组合"下拉按钮，在弹出的列表中选择"清除分级显示"选项即可。

6.4.3 操作分类数据

创建分类汇总后，用户可以查看分类数据，或者根据需要将汇总结果复制到新的工作表中。

1. 查看分类数据

用户单击分类汇总左上角的"1"按钮，可以查看"总计"信息。单击"2"按钮，可以查看汇总数据，单击"3"按钮，可以查看所有的分类汇总数据，如图6-44所示。

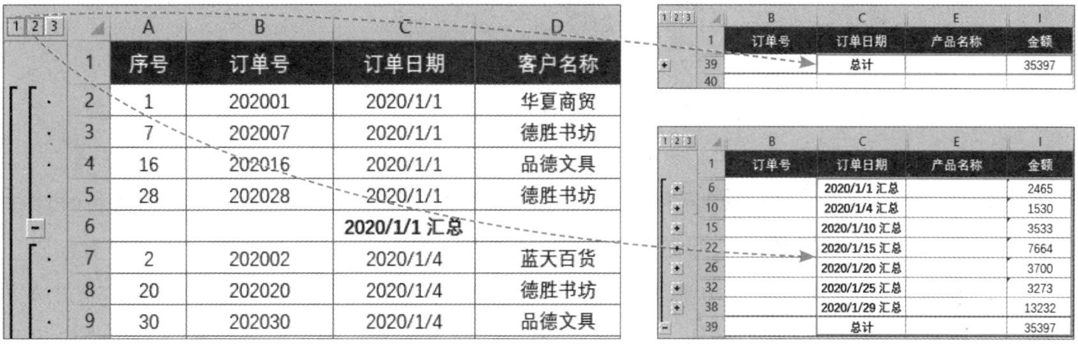

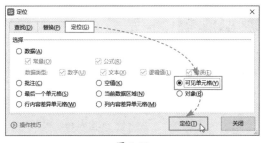

图 6-44

2. 复制汇总结果

单击分类汇总左上角的"2"按钮只显示汇总数据，在"开始"选项卡中单击"查找"下拉按钮，在弹出的列表中选择"定位"选项，打开"定位"对话框，选中"可见单元格"单选按钮，单击"定位"按钮，如图6-45所示。定位汇总表中的可见单元格，接着复制粘贴汇总数据即可，如图6-46所示。

图 6-45

图 6-46

知识点拨

如果用户需要删除对数据的分类汇总，则可以打开"分类汇总"对话框，单击"全部删除"按钮即可。

动手练 **不同商品销售额汇总**

用户制作一个销售商品统计表后，需要查看不同商品的销售汇总金额，此时可以使用分类汇总功能，对"销售商品"进行分类汇总，如图6-47所示。

1 2 3		A	B	C	D	E
	1	销售日期	销售商品	销售单价	销售数量	销售金额
	2	2020/4/1	商品A	10	100	1000
	3	2020/4/2	商品A	10	90	900
	4	2020/4/3	商品A	10	210	2100
	5	2020/4/4	商品A	10	320	3200
	6	2020/4/5	商品A	10	320	3200
	7		商品A 汇总			10400
	13		商品B 汇总			23400
	19		商品C 汇总			21200
	25		商品D 汇总			9900
	26		总计			64900

图 6-47

选择"销售商品"列任意单元格，打开"数据"选项卡，单击"升序"按钮进行升序排序，如图6-48所示。接着单击"分类汇总"按钮，打开"分类汇总"对话框，将"分类字段"设置为"销售商品"，将"汇总方式"设置为"求和"，在"选定汇总项"列表框中勾选"销售金额"复选框，单击"确定"按钮，如图6-49所示，即可按照"销售商品"分类，对"销售金额"进行汇总。

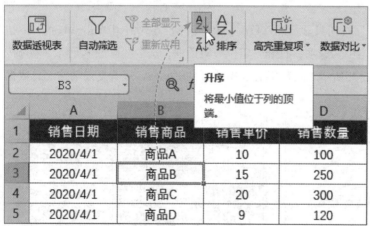

图 6-48

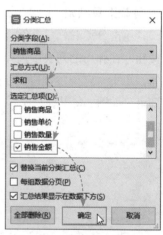

图 6-49

6.5 使用数据透视表

数据透视表是一种对大量数据快速汇总和建立交叉关系的交互式动态表格，可以帮助用户分析和组织数据。

6.5.1 创建数据透视表

创建数据透视表需要选中源表格中任意单元格，在"插入"选项卡中，单击"数据透视表"按钮，打开"创建数据透视表"对话框，选择数据表的区域范围和放置数据透视表的位置，单击"确定"按钮，如图6-50所示，即可创建一个空白数据透视表。

在空白数据透视表的右侧会弹出一个"数据透视表"窗格，在"字段列表"选项中分别勾选需要的字段，在数据透视表中将会显示相关汇总数据，如图6-51所示。

在"数据透视表区域"选项中包含4个区域，分别为筛选器区域、列区域、行区域和值区域。行区域中的字段将作为数据透视表的行标签显示。列区域中的字段将作为数据透视表的列标签显示。值区域中的字段将作为数据透视表显示汇总的数据。将字段拖至"筛选器区域"，可以对数据透视表中的数据进行筛选。

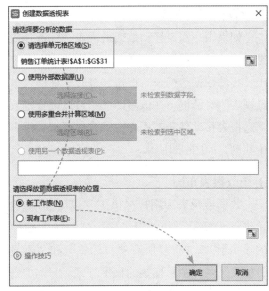

图 6-50

图 6-51

6.5.2 编辑数据透视表

创建数据透视表后，用户可以重命名字段、移动数据透视表、更改数据透视表的报表布局、美化数据透视表等。

1. 重命名字段

当用户想要更改数据透视表中字段的名称时，可以选择字段，如图6-52所示。在"编辑栏"中重新输入名称，然后按【Enter】键确认，即可对字段重命名，如图6-53所示。

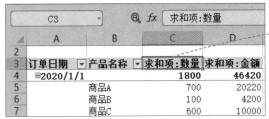

图 6-52

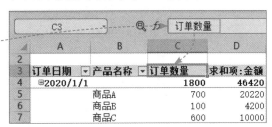

图 6-53

2. 移动数据透视表

如果用户需要移动数据透视表，则选择数据透视表任意单元格，在"分析"选项卡中单击"移动数据透视表"按钮，打开"移动数据透视表"对话框，在该对话框中可以设置将数据透视表移动到新工作表中，或在现有工作表中移动，如图6-54所示。

图 6-54

3. 更改报表布局

数据透视表为用户提供了"以压缩形式显示""以大纲形式显示"和"以表格形式显示"三种报表布局的显示形式，"重复所有项目标签"和"不显示重复项目标签"两种项目标签的显示方式。只需要选择数据透视表中任意单元格，在"设计"选项卡中单击"报表布局"下拉按钮，在弹出的列表中根据需要进行选择即可，如图6-55所示。

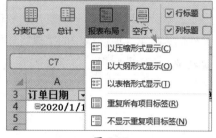

图 6-55

4. 美化数据透视表

WPS内置了多种数据透视表样式。只需要选择数据透视表任意单元格，在"设计"选项卡中单击"其他"下拉按钮，在弹出的列表中选择合适的数据透视表样式，如图6-56所示，即可为数据透视表套用所选样式。

此外，在列表中选择"新建数据透视表样式"选项，在打开的对话框中可以自定义数据透视表样式。

在列表中选择"清除"选项，可以清除数据透视表样式。

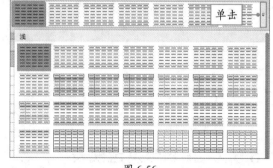

图 6-56

动手练 使用切片器筛选数据透视表

扫码看视频

在数据透视表中用户可以执行筛选操作，将需要查看的数据信息从众多数据中筛选出来。如图6-57所示是使用切片器对"订单号"进行筛选。

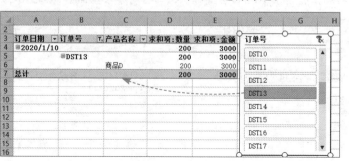

图 6-57

选择数据透视表中任意单元格，在"分析"选项卡中单击"插入切片器"按钮，打开"插入切片器"对话框，勾选"订单号"复选框，如图6-58所示。单击"确定"按钮，即可插入一个"订单号"切片器，如图6-59所示。在切片器中选择订单号，可以将选择的订单号信息筛选出来。

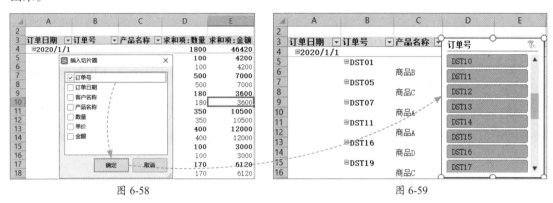

图 6-58   图 6-59

知识点拨

　　单击切片器右上方的"清除筛选器"按钮可以清除筛选结果。选择切片器，按【Delete】键可以将切片器删除。

6.6 使用不错分析工具

　　WPS表格中的分析工具主要包括单变量求解和规划求解。运用这些工具不仅可以完成各种常规且简单的分析工作，还可以方便地管理和分析各类复杂的财务、销售等数据。

6.6.1 单变量求解

　　单变量求解与普通的求解过程相反，其求解的运算过程为已知某个公式的结果，反过来求公式中某个变量的值。例如，某水泥厂存放的水泥运出15%后，还剩下42500千克，请问这个水泥厂原来有多少水泥？

　　首先在B2单元格中输入公式：=A2-15%*A2，按【Enter】键确认，然后选择B2单元格，打开"数据"选项卡，单击"模拟分析"下拉按钮，在弹出的列表中选择"单变量求解"选项，如图6-60所示。打开"单变量求解"对话框，将"目标单元格"设置为"$B$2"，将"目标值"设置为"42500"，将"可变单元格"设置为"$A$2"，单击"确定"按钮，如图6-61所示。

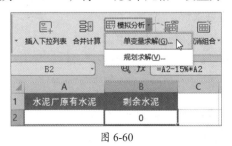

图 6-60

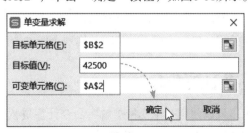

图 6-61

经过计算，统计出原有水泥为50000千克，在弹出的"单变量求解状态"对话框中直接单击"确定"按钮，即可完成单变量求解过程，如图6-62所示。

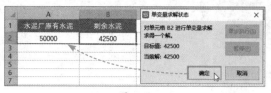

图 6-62

6.6.2 规划求解

规划求解又称为假设分析，是一组命令的组成部分，不仅可以解决单变量求解单一值的局限性，还可以预测含有多个变量或某个取值范围内的最优值。

在使用规划求解之前，用户需要设置基本数据与求解条件。然后在"数据"选项卡中单击"模拟分析"下拉按钮，在弹出的列表中选择"规划求解"选项，在打开的"规划求解参数"对话框中设置各项参数即可，如图6-63所示。

- **设置目标：**用于设置显示求解结果的单元格，在该单元格中必须包含公式。

  到 最大值：表示求解最大值。

  到 最小值：表示求解最小值。

  到 目标值：表示求解指定值。

- **通过更改可变单元格：**用来设置每个决策变量单元格区域的名称或引用，用逗号分隔不相邻的引用。另外，可变单元格必须直接或间接与目标单元格相关。用户最多可指定200个变量单元格。

- **遵守约束：**单击"添加"按钮，可以添加规划求解中的约束条件。单击"更改"按钮，可以更改规划求解中的约束条件。单击"删除"按钮，可以删除已添加的约束条件。单击"全部重置"按钮，可以重新设置规划求解的高级属性。

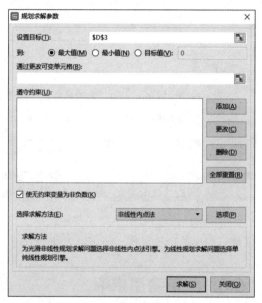

图 6-63

- **使无约束变量为非负数：**启用该选项，可以使无约束变量为正数。

- **选择求解方法：**启用该选项，可用在下列列表中选择规划求解的求解方法。主要包括非线性内点法和单纯线性规划。

- **选项：**启用该选项，可以在"选项"对话框中更改求解方法的"约束精确度""收敛"等参数。

- **求解：**单击该按钮，可对设置好的参数进行规划求解。

- **关闭：**单击该按钮，关闭"规划求解参数"对话框，放弃规划求解。

动手练 计算贷款

用户可以使用"单变量求解"命令计算贷款。例如，如果要贷款10年(120个月)购买一套住房，年利率假定为6%，如果每月还款3000元，可以贷款多少钱，如图6-64所示。

选择B4单元格，输入公式"=-PMT(B3/12,B2,B1)"，按【Enter】键确认，计算出每月还款额，如图6-65所示。再次选中B4单元格，在"数据"选项卡中单击"模拟分析"下

图 6-64

拉按钮，在弹出的列表中选择"单变量求解"选项，打开"单变量求解"对话框，将"目标单元格"设置为"$B$4"，将"目标值"设置为"3000"，将"可变单元格"设置为"$B$1"，如图6-66所示。单击"确定"按钮，即可求出贷款金额，最后在弹出的对话框中单击"确定"按钮即可。

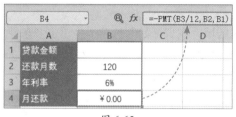

图 6-65

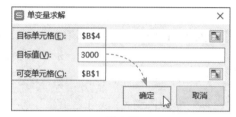

图 6-66

⚛ 案例实战：分析销售明细表

为了清楚了解每月的销售情况，店铺需要制作一个销售明细表，如图6-67所示。下面就利用本章所学知识分析销售明细表。

	A	B	C	D	E	F	G	H	I	J
1	日期	商品	货号	单位规格	销售数量	销售单价	销售金额	退货数量	退货金额	备注
2	7月	连衣裙	8C50205170	件	260	￥289	￥75,140	2	￥578	
3	7月	半身裙	8C50205171	件	250	￥156	￥39,000	5	￥780	
4	7月	短裤	8C50205172	件	360	￥90	￥32,400	10	￥900	
5	7月	阔腿裤	8C50205173	件	290	￥239	￥69,310	6	￥1,434	
6	7月	短袖	8C50205174	件	700	￥138	￥96,600	6	￥828	
7	7月	衬衫	8C50205175	件	150	￥201	￥30,150	4	￥804	
8	8月	短裤	9C50205176	件	250	￥144	￥36,000	1	￥144	
9	8月	连衣裙	9C50205177	件	280	￥325	￥91,000	9	￥2,925	
10	8月	短裤	9C50205178	件	310	￥153	￥47,430	2	￥306	

图 6-67

Step 01 排序"销售金额"。选择"销售金额"列任意单元格，打开"数据"选项卡，单击"升序"按钮，如图6-68所示，即可对"销售金额"数据进行升序排序。

图 6-68

Step 02 筛选"商品"。选择表格中任意单元格，在"数据"选项卡中单击"自动筛选"按钮，进入筛选状态，单击"商品"筛选按钮，在弹出的面板中取消勾选"全选"复选框，接着勾选"连衣裙"选项，单击"确定"按钮，如图6-69所示，即可将"连衣裙"的商品信息筛选出来。

图 6-69

Step 03 使用条件格式。选择H2:H22单元格区域，在"开始"选项卡中单击"条件格式"下拉按钮，在弹出的列表中选择"突出显示单元格规则"选项，并从其级联菜单中选择"大于"选项，打开"大于"对话框，在"为大于以下值的单元格设置格式"文本框中输入"6"，在"设置为"列表中选择"浅红色填充"选项，单击"确定"按钮，即可将"退货数量"大于6的单元格突出显示出来，如图6-70所示。

Step 04 分类汇总数据。对"日期"列中的数据进行"升序"排序，打开"数据"选项卡，单击"分类汇总"按钮，打开"分类汇总"对话框，将"分类字段"设置为"日期"，将"汇总方式"设置为"求和"，在"选定汇总项"列表框中勾选"销售金额"和"退货金额"复选框，单击"确定"按钮，即可按照"日期"字段对"销售金额"和"退货金额"进行汇总，如图6-71所示。

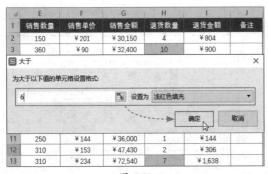

图 6-70

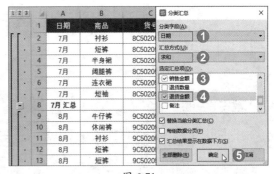

图 6-71

Step 05 创建数据透视表。选择表格中任意单元格，在"数据"选项卡中单击"数据透视表"按钮，打开"创建数据透视表"对话框，直接单击"确定"按钮，即可创建一个空白数据透视表，在"字段列表"中勾选需要的字段，如图6-72所示，进行相关分析操作即可。

商品	求和项:销售数量	求和项:销售金额	求和项:退货数量	求和项:退货金额
半身裙	450	76200	6	966
衬衫	600	97250	12	1916
短裤	1250	165330	20	2400
短袖	1190	187140	19	3066
阔腿裤	590	163510	15	4260
连衣裙	660	221940	14	4898
牛仔裤	220	47580	4	906
休闲裤	300	53850	16	2623
总计	5260	1012800	106	21035

图 6-72

WPS Office办公软件应用标准教程（实战微课版）

手机办公：在手机上完成数据分析

用户通过移动端WPS Office可以对表格数据进行简单的分析操作，例如排序、筛选等，下面就详细讲解操作步骤。

Step 01 使用WPS Office打开一个数据表，选择需要排序列中的任意单元格，点击工作表左下方的按钮，如图6-73所示。

Step 02 弹出一个面板，打开"数据"选项卡，选择"升序排序"或"降序排序"选项，即可对"生产数量"列中的数据进行升序或降序排序，如图6-74所示。

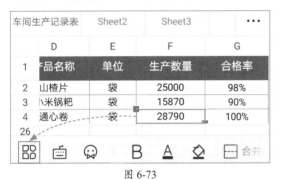

图 6-73

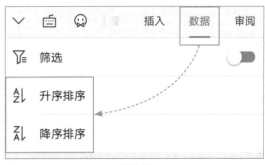

图 6-74

Step 03 在"数据"选项卡中点击"筛选"按钮进入筛选状态，如图6-75所示。点击"生产车间"筛选按钮，在弹出的"生产车间"面板中选择"第2车间"选项，点击"完成"按钮，如图6-76所示，即可将"第2车间"的相关信息筛选出来，如图6-77所示。

Step 04 再次点击"生产车间"筛选按钮，在弹出的面板中选择"清除筛选"选项，点击"完成"按钮，即可清除筛选结果。

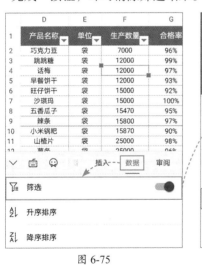

图 6-75

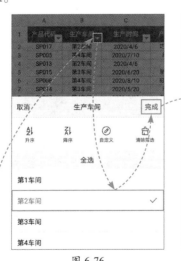

图 6-76

	A	B	C
车间生产记录表		Sheet2	Sheet3
1	产品代码	生产车间	生产时间
2	SP017	第2车间	2020/4/6
4	SP013	第2车间	2020/4/6
10	SP002	第2车间	2020/3/6
14	SP003	第2车间	2020/3/6
15	SP018	第2车间	2020/4/6
16	SP009	第2车间	2020/4/6
20	SP004	第2车间	2020/3/6

图 6-77

117

读书笔记

W
WPS

第7章
使用公式与函数

使用WPS表格不仅可以输入、存储与分析数据，而且可以对数据进行计算，使用公式和函数可以轻松解决工作中遇到的复杂问题，因此省去了手动计算的工作，提高了工作效率。本章将对公式和函数的应用进行全面介绍。

⊡ 7.1 认识公式

使用公式解决问题之前，用户需要了解公式的构成，以及如何输入和编辑公式等。

▌7.1.1 公式的构成

简单来说，公式就是以"="开始的一组运算等式。由等号、函数、括号、单元格引用、常量、运算符等构成。其中常量可以是数字、文本，也可以是其他字符，如果常量不是数字就要加上英文引号。

例如，为了判断学生成绩是否优秀，在单元格中输入IF函数的嵌套公式进行判断，如图7-1所示。

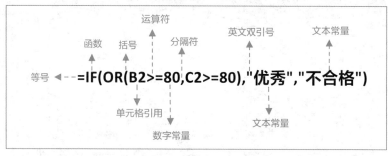

图 7-1

▌7.1.2 输入和编辑公式

在计算任何数据之前，首先需在单元格中输入相关公式，并根据实际情况对公式进行编辑。

1. 输入公式

输入公式很简单，用户可以选择单元格后，在"编辑栏"中直接输入公式。例如，选择F2单元格，将光标插入到"编辑栏"中，然后输入公式，如图7-2所示，按【Enter】键确认输入即可。

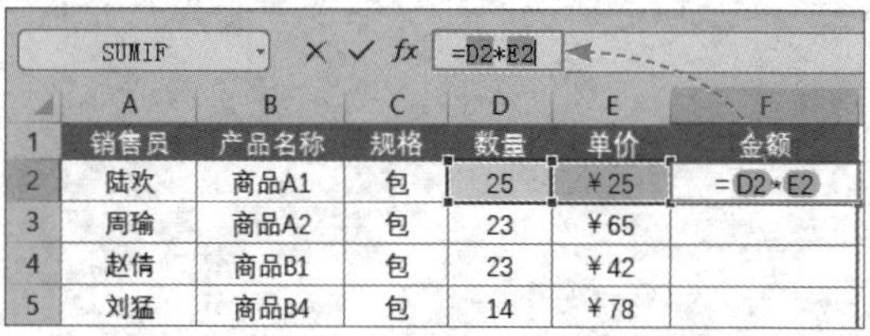

图 7-2

此外，在F2单元格中先输入"="，然后单击选中需要引用的D2单元格，再输入"*"，单击选中E2单元格，也可以输入公式，如图7-3所示。

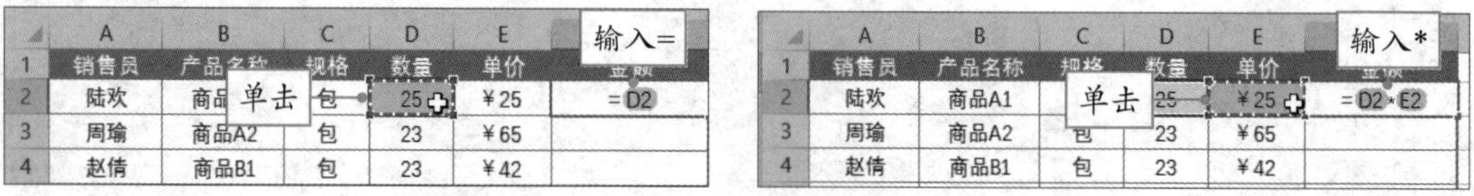

图 7-3

注意事项 在单元格中输入公式时，切记不要输入像"=25*25"这样的公式，因为这种公式无法通过复制计算其他数值。

2. 编辑公式

输入公式后，如果需要对公式进行修改，则可以双击公式所在单元格或按【F2】功能键进入编辑状态，如图7-4所示，对公式进行修改即可。

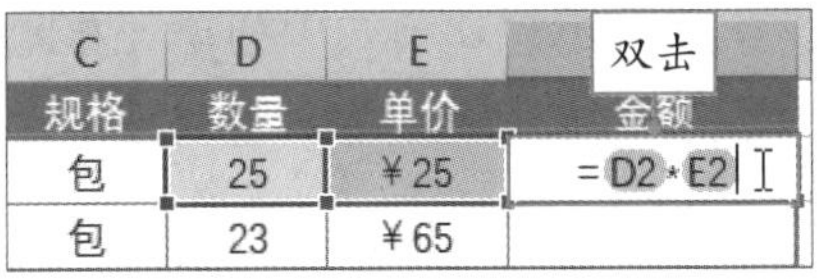

此外，当用户需要在多个单元格中使用相同的公式时，则可以复制公式。

C	D	E	双击
规格	数量	单价	金额
包	25	￥25	=D2*E2
包	23	￥65	

图 7-4

选择包含公式的单元格区域，使用【Ctrl+D】组合键，即可向下复制公式，如图7-5所示。

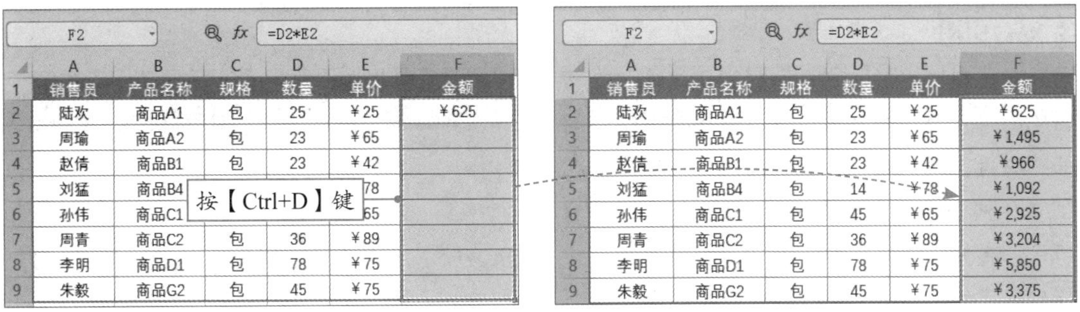

图 7-5

或者选择包含公式的单元格，将光标移至单元格的右下角，双击，或按住鼠标左键不放，向下拖动光标即可复制公式，如图7-6所示。

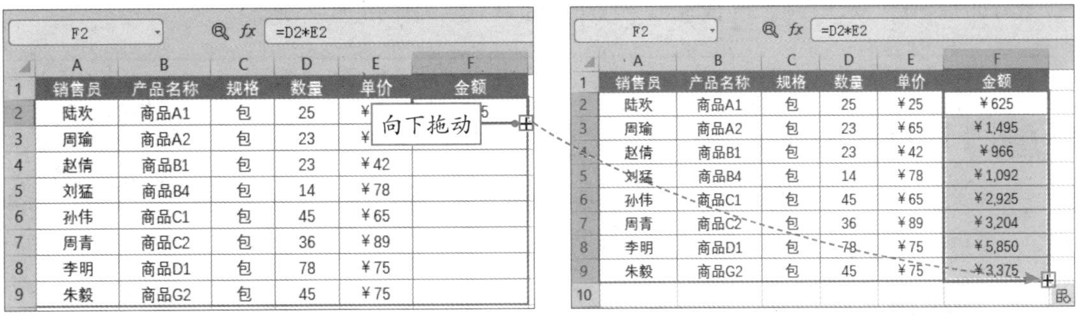

图 7-6

7.1.3 引用单元格

WPS表格中单元格的引用方式有三种为相对引用、绝对引用和混合引用。单元格的引用在使用公式时起到非常重要的作用。

1. 相对引用

在公式中引用单元格参与计算时，如果公式的位置发生变动，那么所引用的单元格也将随之变动。例如，在B2单元格中输入公式"=A2*10"，如图7-7所示。将B2单元格中的公式

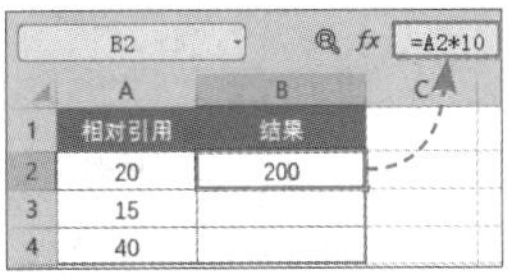

图 7-7　　　　　　图 7-8

向下复制到B4单元格，公式自动变成"=A4*10"，如图7-8所示，可见单元格的引用发生更改。"A4"这种类型的单元格引用就是相对引用。

2. 绝对引用

如果不想让公式中的单元格地址随着公式位置的变化而改变，就需要对单元格采用绝对引用。例如，在C2单元格中输入公式"=A2*$B$2"，如图7-9所示。将公式向下复制到C4单元格，公式变成"=A4*$B$2"，如图7-10所示。"$B$2"这种形式的单元格引用就是绝对引用。

图 7-9　　　　　　　图 7-10

3. 混合引用

混合引用就是既包含相对引用又包含绝对引用的单元格引用方式。混合引用具有绝对列和相对行，或绝对行和相对列两种。例如，在B2单元格中输入公式"=$A2*B$3"，如图7-11所示。将公式向右复制到D2单元格，公式变成"=$A2*D$3"，如图7-12所示。"$A2"和"D$3"这种形式的单元格引用就是混合引用。

图 7-11　　　　　　　图 7-12

知识点拨

当列号前面加$符号时，无论复制到什么地方，列的引用保持不变，行的引用自动调整；当行号前面加$符号，无论复制到什么地方，行的引用位置不变，列的引用自动调整。

扫码看视频

动手练 计算考生成绩

在日常工作中，经常会使用公式计算考核成绩，既方便快捷，又节省大量时间。用户可以使用简单的公式计算考生成绩，如图7-13所示。

	A	B	C	D	E
1	姓名	综合素质	教育知识与能力	学科知识与教学能力	总分
2	赵琴	62	88	75	
3	刘雯	54	63	58	
4	孙杨	96	78	99	
5	李明	68	85	87	
6	王珂	88	78	66	
7	刘梅	63	54	48	
8	韩硕	58	66	79	

	A	B	C	D	E
1	姓名	综合素质	教育知识与能力	学科知识与教学能力	总分
2	赵琴	62	88	75	225
3	刘雯	54	63	58	175
4	孙杨	96	78	99	273
5	李明	68	85	87	240
6	王珂	88	78	66	232
7	刘梅	63	54	48	165
8	韩硕	58	66	79	203

图 7-13

选择E2单元格，输入公式"=B2+C2+D2"，如图7-14所示。按【Enter】键确认，计算出"总分"，然后再次选择E2单元格，将光标移至单元格右下角，按住鼠标左键不放并向下拖动，复制公式，计算出其他考生的成绩。

	A	B	C	D	E
1	姓名	综合素质	教育知识与能力	学科知识与教学能力	总分
2	赵琴	62	88	75	=B2+C2+D2
3	刘雯	54	63	58	
4	孙杨	96	78	99	
5	李明	68	85	87	
6	王珂	88	78	66	
7	刘梅	63	54	48	
8	韩硕	58	66	79	

输入公式

图 7-14

WPS Office办公软件应用标准教程（实战微课版）

7.2 认识函数

函数是一种由数学和解析几何学引入的概念，其意义在于封装一种公式或运算算法，根据用户引入的参数数值返回运算结果。

7.2.1 函数的类型

WPS内置了数百种函数，其中最常用的函数类型为财务函数、逻辑函数、文本函数、日期和时间函数、查找与引用函数、数学和三角函数等，如图7-15所示。

图 7-15

- **财务函数**：用于对数值进行各种财务运算。
- **逻辑函数**：用于进行真假值判断或者进行复合检验。
- **文本函数**：用于在公式中处理字符串。
- **日期和时间函数**：用于在公式中分析处理日期值和时间值。
- **查找与引用函数**：用于对指定的单元格、单元格区域进行查找、检索和比对运算。
- **数学和三角函数**：用于处理各种数学运算。

7.2.2 函数的输入方法

在表格中，用户可以通过多种方法输入函数，计算各类复杂的数据。例如，直接输入函数、插入函数、使用函数列表。

1. 直接输入函数

当用户对一些函数非常熟悉时，可以直接输入函数。首先选择单元格，直接在单元格中输入函数公式，或在"编辑栏"中输入即可，如图7-16所示。

	A	B	C	D	E
					=SUM(E2:E7)
1	销售员	产品名称	数量	单价	金额
2	陆欢	商品A1	12	￥25	￥300
3	周瑜	商品A2	20	￥65	￥1,300
4	赵倩	商品B1	58	￥42	￥2,436
5	刘猛	商品B4	12	￥78	
6	孙伟	商品C1	45	￥65	直接输入函数
7	朱毅	商品G2	45	￥75	￥3,375
8				总金额	=SUM(E2:E7)

图 7-16

> **知识点拨**
>
> 在"编辑栏"的左侧有一个"插入函数"选项，单击该按钮可以打开"插入函数"对话框。

2. 插入函数

对于一些比较复杂的函数，用户可能不清楚如何正确输入函数公式，此时可以通过函数向导来完成函数的输入。选择单元格，在"公式"选项卡中单击"插入函数"按钮，打开"插入函数"对话框，在"或选择类别"列表中选择函数类别，然后在下方"选择函数"列表框中选择需要的函数，单击"确定"按钮，如图7-17所示。在弹出的"函数参数"对话框中设置好其函数的相关参数即可，如图7-18所示。

3. 使用函数列表

选择单元格，首先输入"="，当在单元格中输入函数的第一个字母时，系统会自动在其单元格下方弹出以该字母开头的函数列表，在列表中双击选择需要的函数，并输入函数参数即可，如图7-19所示。

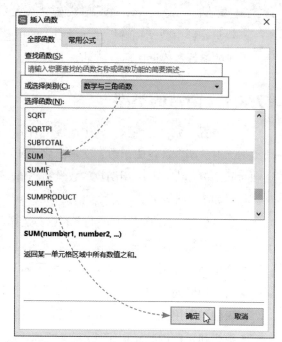

图 7-17

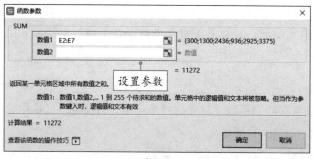

图 7-18

图 7-19

▌7.2.3 自动求和

WPS还为用户提供了"自动求和"功能。可以自动对数据进行行求和、求平均值、求最大值/最小值等。只需要选择单元格，在"公式"选项卡中单击"自动求和"下拉按钮，在弹出的列表中选择需要计算的选项，如图7-20所示，即可在单元格中自动输入函数公式，如图7-21所示。按【Enter】键确认，计算出结果。

> **知识点拨**
>
> 在自动求和时，系统将自动显示出求和的数据区域，将光标移到数据区域边框处，当光标变成双向箭头时，拖动光标即可改变数据区域。

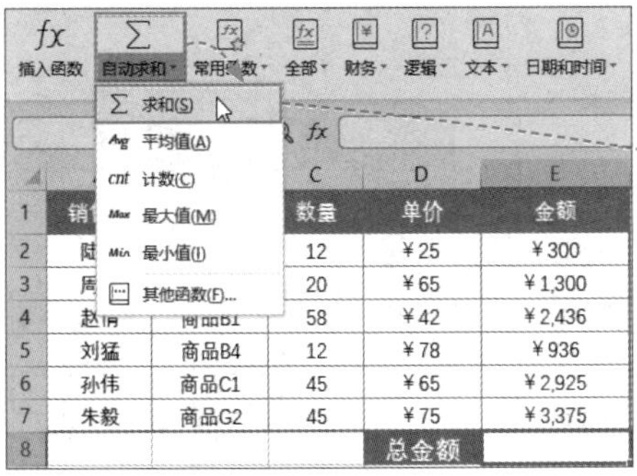

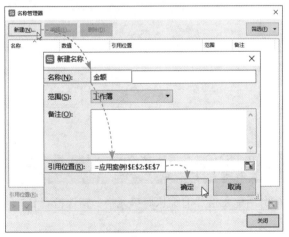

图 7-20

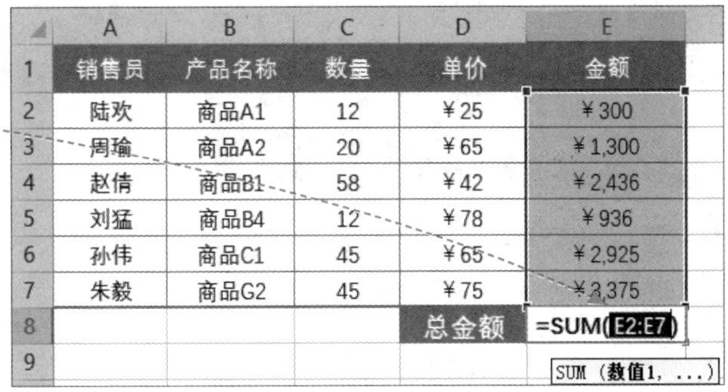

	A	B	C	D	E
1	销售员	产品名称	数量	单价	金额
2	陆欢	商品A1	12	¥25	¥300
3	周瑜	商品A2	20	¥65	¥1,300
4	赵倩	商品B1	58	¥42	¥2,436
5	刘猛	商品B4	12	¥78	¥936
6	孙伟	商品C1	45	¥65	¥2,925
7	朱毅	商品G2	45	¥75	¥3,375
8				总金额	=SUM(E2:E7)
9					SUM（数值1, ...）

图 7-21

7.2.4 定义名称

名称是显示在"名称框"中的标识，在公式中可以使用名称代替单元格引用，以便简化公式的运算。

1. 创建名称

选择需要创建名称的单元格区域，在"公式"选项卡中单击"名称管理器"按钮，打开"名称管理器"对话框，单击"新建"按钮，弹出"新建名称"对话框，在"名称"文本框中输入定义的名称，"引用位置"文本框中默认显示选择的单元格区域，单击"确定"按钮，如图7-22所示。返回"名称管理器"对话框，单击"关闭"按钮，即可为所选单元格区域定义名称。

此外，用户也可以选择单元格区域，在"名称框"中直接输入名称，如图7-23所示。按【Enter】键确认，即可为所选单元格区域定义名称。

图 7-22

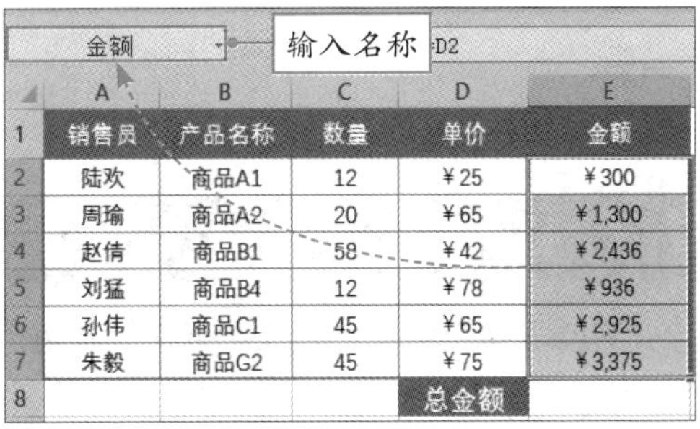

图 7-23

2. 使用名称

为单元格区域定义名称后，可以在公式中直接使用。选择单元格，输入函数公式，如图7-24所示。在"公式"选项卡中单击"粘贴"按钮，打开"粘贴名称"对话框，选择定义的名称，单击"确定"按钮，如图7-25所示，即可将名称输入到公式中，如图7-26所示。按【Enter】键确认，计算出结果。

图 7-24　　　　　　　　　　　　　图 7-25　　　　　　　　　　　　　图 7-26

3. 管理名称

如图7-27所示，在"名称管理器"对话框中单击"新建"按钮，可以继续定义名称。单击"编辑"按钮，可以对定义的名称进行修改编辑。单击"删除"按钮，可以将定义的名称删除。

图 7-27

动手练 使用快捷键批量求和

扫码看视频

对数据进行求和时，用户一般会使用公式或求和函数进行计算，其实使用快捷键可以一次性对数据进行求和。

选择数据和结果区域，如图7-28所示。然后使用【Alt+=】组合键，即可快速计算出求和结果。

图 7-28

🄟 7.3 公式审核

WPS表格中提供了公式审核功能。包括追踪引用单元格、追踪从属单元格、错误检查等。

▎7.3.1　追踪单元格

追踪单元格作用是跟踪选定单位内公式的引用或从属单元格。分为追踪引用单元格和追踪从属单元格。

1. 追踪引用单元格

追踪引用单元格用于指明影响当前所选单元格值的单元格。选择单元格，在"公式"选项卡中单击"追踪引用单元格"按钮，出现蓝色箭头，指明当前所选单元格引用了哪些单元格，如图7-29所示。

2. 追踪从属单元格

追踪从属单元格用于指明受当前所选单元格值影响的单元格。选择单元格，在"公式"选项卡中单击"追踪从属单元格"按钮，出现蓝色箭头，指向受当前所选单元格影响的单元格，如图7-30所示。

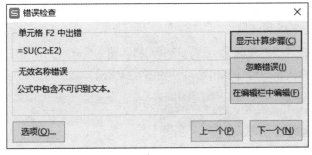

图 7-29   图 7-30

知识点拨

如果用户想要删除追踪单元格的箭头，在"公式"选项卡中，单击"移去箭头"按钮即可。

7.3.2 使用错误检查

"错误检查"用于检查使用公式时发生的常见错误，以便及时修正。选择包含错误的单元格，在"公式"选项卡中单击"错误检查"按钮，打开"错误检查"对话框，核实后再对错误公式进行编辑，或直接忽略错误，如图7-31所示。

此外，WPS表格本身就带有后台检索错误公式的功能，当在单元格中输入有问题的公式后，单元格左上角会出现一个绿色的三角形。选择包含错误公式的单元格，单元格左侧会出现一个警告标志，单击这个标志，在展开的列表中可以查看公式错误的原因，如图7-32所示。

图 7-31   图 7-32

动手练 显示公式

有时用户需要查看单元格中公式的使用情况，但通常带有公式的单元格显示的都是计算结果，要想快速查看表格中的所有公式，则可以将公式全部显示出来，如图7-33所示。

	B	C	D	E	F	G
1	姓名	工作能力得分	学习能力得分	积极性得分	总分	排名
2	赵华	77	80	76	=SUM(C2:E2)	=RANK(F2,$F$2:$F$10,0)
3	刘能	78	87	91	=SUM(C3:E3)	=RANK(F3,$F$2:$F$10,0)
4	孟旭	69	98	92	=SUM(C4:E4)	=RANK(F4,$F$2:$F$10,0)
5	刘凯	98	67	84	=SUM(C5:E5)	=RANK(F5,$F$2:$F$10,0)
6	李可	86	94	99	=SUM(C6:E6)	=RANK(F6,$F$2:$F$10,0)
7	杨雪	92	58	74	=SUM(C7:E7)	=RANK(F7,$F$2:$F$10,0)

图 7-33

选择表格中任意单元格，在"公式"选项卡中单击"显示公式"按钮，即可将表格中的公式全部显示出来。再次单击"显示公式"按钮，取消其选中状态，恢复显示计算结果。

7.4 常见函数的应用

WPS表格提供了5种常见函数类型，分别为逻辑函数、查找与引用函数、统计函数、数学和三角函数、日期和时间函数等。

7.4.1 使用求和函数

求和函数属于数学和三角函数，其中最常用的求和函数包括SUM、SUMIF、SUMIFS函数等。

1. SUM 函数

SUM函数用来计算单元格区域中所有数值的和。

其语法格式为SUM(数值1,数值2,…)。SUM函数最多可以设置255个参数，该函数可以对多个区域中的数值或多个单独的数值进行求和。

2. SUMIF 函数

SUMIF函数根据某一条件，匹配到相应的行数，并对某一列的符合条件的行数求和。

其语法格式为SUMIF(条件区域,求和条件,求和区域)。

例如，使用SUMIF函数计算"刘雯"的"销售总额"。选择G2单元格，输入公式"=SUMIF(B2:B13,"刘雯",D2:D13)"，按【Enter】键确认，即可计算出结果，如图7-34所示。

	A	B	C	D	E	F	G
	G2			fx	=SUMIF(B2:B13,"刘雯",D2:D13)		
1	日期	姓名	销售商品	销售总额		姓名	销售总额
2	2020/3/10	张飞	酸奶	￥98,000		刘雯	266000
3	2020/3/10	王晓	果汁	￥74,000			
4	2020/3/10	刘雯	饮料	￥35,000			
5	2020/4/15	张飞	酸奶	￥68,000			
6	2020/4/15	张飞	酸奶	￥99,000			
7	2020/4/15	王晓	果汁	￥68,000			
8	2020/4/15	刘雯	饮料	￥44,000			
9	2020/5/20	张飞	酸奶	￥46,000			
10	2020/5/20	王晓	果汁	￥58,000			
11	2020/5/20	王晓	果汁	￥76,000			
12	2020/5/20	刘雯	饮料	￥98,000			
13	2020/5/20	刘雯	饮料	￥89,000			

图 7-34

公式解析

公式中"B2:B13"表示"刘雯"所在的条件区域，"刘雯"表示求和条件，"D2:D13"表示计算"销售总额"的求和区域。

3. SUMIFS 函数

SUMIFS函数用于解决多条件求和问题。

语法格式：SUMIFS(求和区域,条件1区域,条件1,条件2区域,条件2,…,条件n区域,条件n)。

例如，使用SUMIFS函数计算"张飞"销售"酸奶"的"销售总额"。选择H2单元格，输入公式"=SUMIFS(D2:D13,B2:B13,"张飞",C2:C13,"酸奶")"，按【Enter】键确认，即可计算出结果，如图7-35所示。

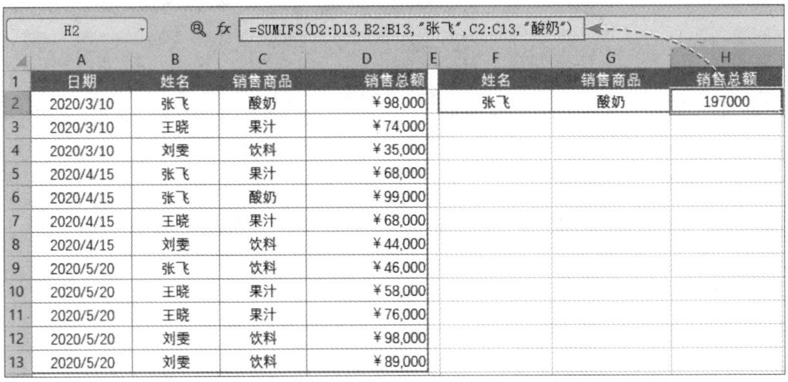

图 7-35

公式解析

公式中"D2:D13"表示求和区域，"B2:B13"表示第1个条件所在区域，"张飞"表示第1个条件，"C2:C13"表示第2个条件所在区域，"酸奶"表示第2个条件。

7.4.2 使用统计函数

统计函数用于对数据区域进行统计分析。最常用的统计函数包括COUNT、COUNTA、COUNTIF、COUNTIFS函数等。

1. COUNT 函数

COUNT函数针对数据表中的数值进行计数，能被计数的数值包括数字和日期，而错误值、逻辑值或其他文本将被忽略。

其语法格式为COUNT(值1,值2,值3,…)。用户可以给COUNT函数设置1~255个参数，且参数可以是单元格区域、数据常量或公式等。

例如，统计数值单元格个数。选择E1单元格，输入公式"=COUNT(A2:A9)"，按【Enter】键，即可计算出结果，如图7-36所示。

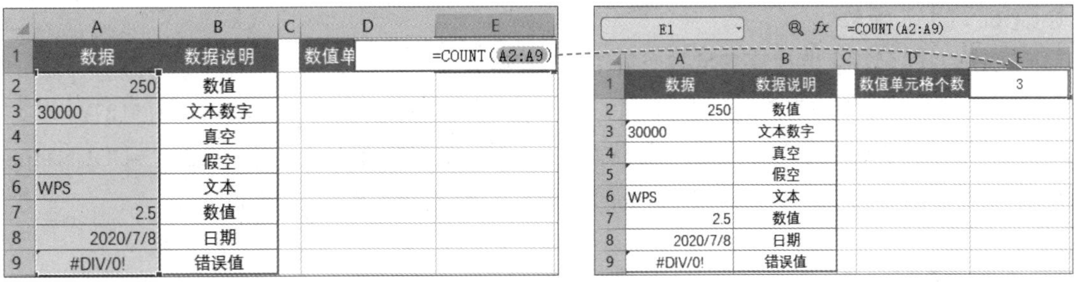

图 7-36

2. COUNTA 函数

COUNTA函数主要用于统计非空单元格的个数，其中包括输入了任何数据的单元格，即便单元格只输入一个单引号"'"也会被计数。

其语法格式为COUNTA(值1,值2,值3,…)。用户可以给COUNTA函数设置1~255个参数，且参数可以是单元格引用、数据常量或公式的计算结果等。

例如，统计非真空单元格个数。选择E1单元格，输入公式"=COUNTA(A2:A10)"，按【Enter】键确认，即可计算出结果，如图7-37所示。

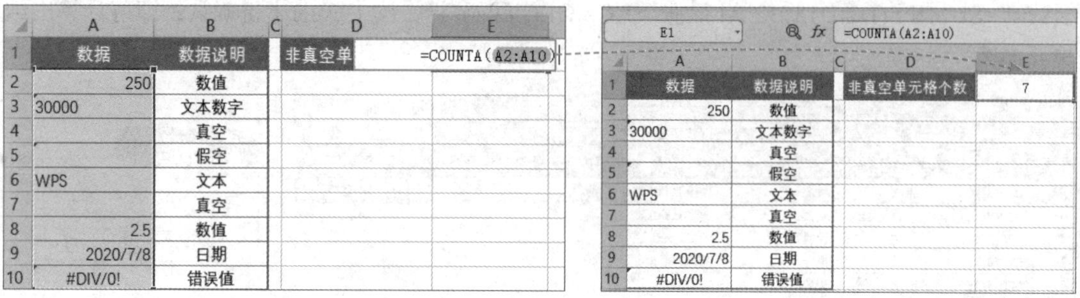

图 7-37

3. COUNTIF 函数

COUNTIF函数主要用于有目的地统计工作表中满足指定条件的数据个数。

其语法格式为COUNTIF(单元格区域,计数条件)。其中第二个参数可以是数字、表达式、单元格引用或文本字符串，也可以在参数中使用比较运算符和通配符。

例如，统计总成绩在90分以上人数。选择D2单元格，输入公式"=COUNTIF(B2:B10,">90")"，按【Enter】键确认，即可计算出结果，如图7-38所示。

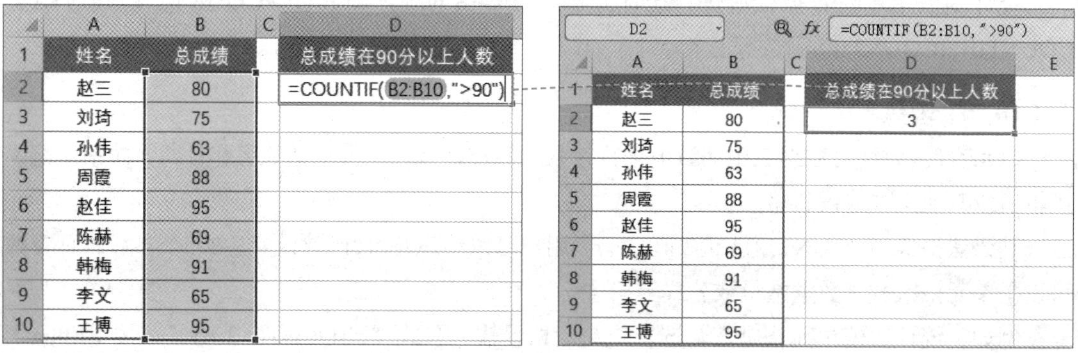

图 7-38

4. COUNTIFS 函数

COUNTIFS函数主要计算满足多个条件的单元格数量。

其语法格式为COUNTIFS(区域1,条件1,区域2,条件2,区域3,条件3,…,区域127,条件127)。

例如，统计笔试成绩和面试成绩大于60分的人数。选择E2单元格，输入公式"=COUNTIFS(B2:B10,">60",C2:C10,">60")"，按【Enter】键确认，计算出结果，如图7-39所示。

公式解析

公式中"B2:B10"表示"笔试成绩"所在区域；">60"表示第1个条件；"C2:C10"表示"面试成绩"所在区域；">60"表示第2个条件。

图 7-39

7.4.3 使用查找函数

使用查找与引用函数可以查找表格中特定数值或某一单元格的引用，其中最常用的查找函数为VLOOKUP函数。

VLOOKUP函数主要用于搜索用户查找范围中的首列（或首行）中满足条件的数据，并根据指定的列号（行号），返回对应的值。

其语法格式为VLOOKUP(查找值,查找区域,查找列数,匹配方式)。其中匹配方式为0或FALSE，函数进行精确查找，同时支持无序查找；如果为1或TRUE，则使用模糊匹配方式进行查找。

注意事项 查找列数不能理解为工作表中实际的列号（或行号），而应该是用户指定返回值在数据查找范围中的第几列（或第几行）。

例如，使用VLOOKUP函数查找出销售员的销售金额。选择I2单元格，输入公式"=VLOOKUP(H2,$A$1:$F$13,6,FALSE)"，按【Enter】键确认，即可查找出结果，然后将公式向下填充即可，如图7-40所示。

I2				f_x	=VLOOKUP(H2, $A$1:$F$13, 6, FALSE)				
	A	B	C	D	E	F	G	H	I
1	销售员	销售部门	商品	单价	数量	金额		销售员	金额
2	赵一	销售1部	A产品	10	100	1000		吴乐	6720
3	刘元	销售1部	B产品	25	300	7500		刘佳	3960
4	周雪	销售1部	C产品	14	450	6300		王晓	5290
5	王晓	销售1部	D产品	23	230	5290			
6	刘雯	销售2部	A产品	10	150	1500			
7	吴乐	销售2部	B产品	21	320	6720			
8	赵璇	销售2部	C产品	18	180	3240			
9	韩梅	销售2部	D产品	15	260	3900			
10	刘能	销售3部	A产品	12	410	4920			
11	李琦	销售3部	B产品	9	350	3150			
12	刘佳	销售3部	C产品	22	180	3960			
13	王学	销售3部	D产品	21	170	3570			

公式解析

公式中"H2"表示查找值；"$A$1:$F$13"表示查找区域，查找区域必须包含查找值和返回值，且第1列必须是查找值；"6"表示查找列数；"FALSE"表示精确查找。

图 7-40

此外，用户也可以使用VLOOKUP函数按模糊匹配方式对数据进行查找。例如，根据"分数范围"查找出匹配的"奖学金"。选择C2单元格，输入公式"=VLOOKUP(B2,$E$2:$G$6,3,TRUE)"，按【Enter】键确认，计算出结果，然后将公式向下填充即可，如图7-41所示。

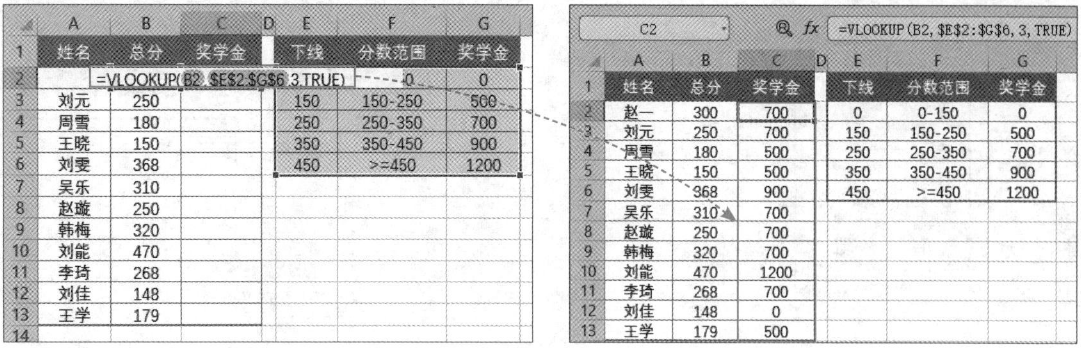

图 7-41

如果使用模糊匹配的方式查找，函数将把等于或接近查找值的数据作为自己的查询结果。因此，就算查找数据中没有与查找值完全相同的数据，函数也能返回查询结果。

7.4.4 使用逻辑函数

使用逻辑函数可以进行真假值的判断，其中最常用的逻辑函数包括IF、AND、OR函数等。

1. IF 函数

IF函数判断单元格的数据是否符合逻辑，然后根据判断的结果返回设定值。

其语法格式为IF(逻辑,真值,假值)。其中逻辑表示判断条件；真值表示符合判断条件返回的值；假值表示不符合判断条件返回的值。

例如，使用IF函数判断是否及格。假设"成绩"大于60为及格，否则为不及格。选择D2单元格，输入公式"=IF(C2>60,"及格","不及格")"，按【Enter】键确认，计算出结果，然后将公式向下填充即可，如图7-42所示。

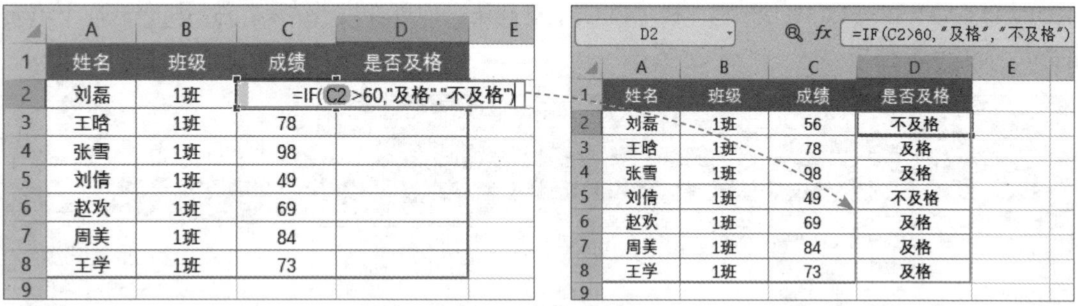

图 7-42

2. AND 函数

AND函数对多个条件进行判断，多个条件同时满足才能成立。

其语法格式为AND(逻辑1,逻辑2,逻辑3,…)。其中逻辑表示判断条件，当满足所有条件时，返回TRUE，只要有一个不满足，就返回FALSE。

例如，使用AND函数判断员工是否为优秀员工。假设，只有"抗压能力评分""工作能力评分"和"学习能力评分"同时大于60为优秀员工。选择E2单元格，输入公式"=AND(B2>60,C2>60,D2>60)"，按【Enter】键确认，计算出结果，然后将公式向下填充即可，如图7-43所示。

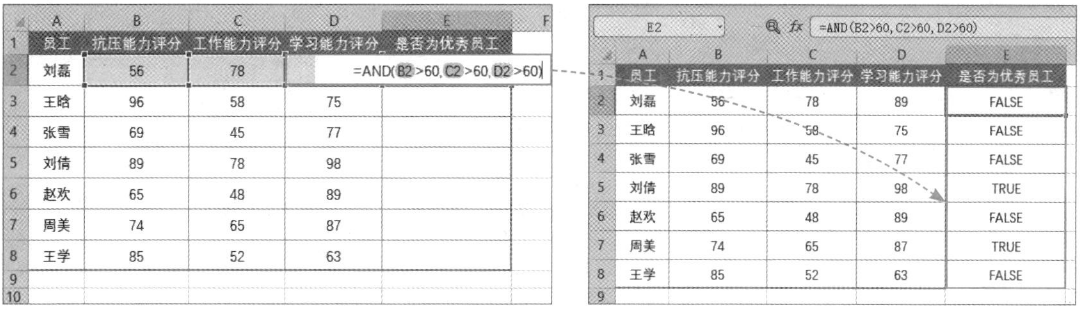

=AND(B2>60,C2>60,D2>60)

员工	抗压能力评分	工作能力评分	学习能力评分	是否为优秀员工
刘磊	56	78		
王晗	96	58	75	
张雪	69	45	77	
刘倩	89	78	98	
赵欢	65	48	89	
周美	74	65	87	
王学	85	52	63	

员工	抗压能力评分	工作能力评分	学习能力评分	是否为优秀员工
刘磊	56	78	89	FALSE
王晗	96	58	75	FALSE
张雪	69	45	77	FALSE
刘倩	89	78	98	TRUE
赵欢	65	48	89	FALSE
周美	74	65	87	TRUE
王学	85	52	63	FALSE

图 7-43

3. OR 函数

OR函数对多个条件进行判断，只要满足多个条件中的任意一个即可成立。

其语法格式为OR(逻辑1,逻辑2,逻辑3,…)。与AND函数不同的是，只要满足其中一个判断条件，就可以返回TRUE，只有在所有条件都不满足的情况下，才返回FALSE。

例如，使用OR函数判断是否符合退休条件。假设年龄达到50岁或工龄达到30岁，即符合退休条件。选择D2单元格，输入公式“=OR(B2>=50,C2>=30)”，按【Enter】键确认，计算出结果，然后将公式向下填充即可，如图7-44所示。

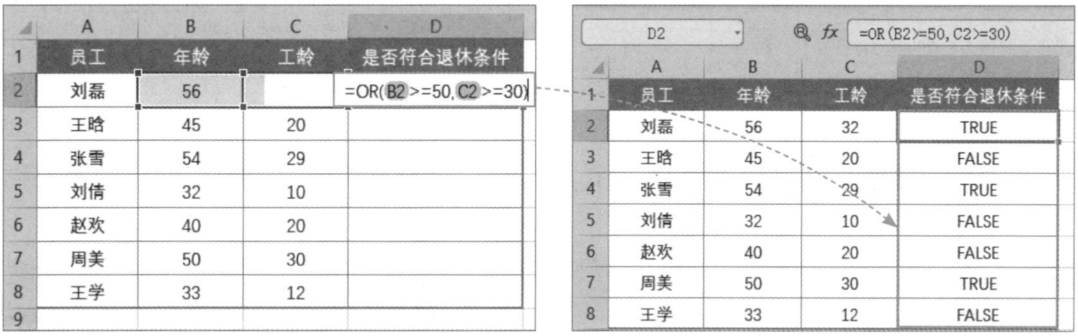

=OR(B2>=50,C2>=30)

员工	年龄	工龄	是否符合退休条件
刘磊	56		
王晗	45	20	
张雪	54	29	
刘倩	32	10	
赵欢	40	20	
周美	50	30	
王学	33	12	

员工	年龄	工龄	是否符合退休条件
刘磊	56	32	TRUE
王晗	45	20	FALSE
张雪	54	29	TRUE
刘倩	32	10	FALSE
赵欢	40	20	FALSE
周美	50	30	TRUE
王学	33	12	FALSE

图 7-44

7.4.5 使用日期和时间函数

日期和时间函数是指在公式中用来分析和处理日期值和时间值的函数。其中最常用的日期和时间函数包括YEAR、MONTH、DAY、SECOND、MINUTE、HOUR等。

1. 日期函数

YEAR、MONTH、DAY函数都属于日期函数。其中YEAR函数用于从日期数据中提取年份。MONTH函数用于从日期数据中提取月份。DAY函数用于从日期数据中提取日期数。三个函数都只有一个参数，这个参数就是要获取信息的日期值，或可转为日期值的其他类型的数据或公式。

例如，提取“出生日期”中的年、月、日信息。选择C2单元格，输入公式“=YEAR(B2)”，按【Enter】键确认，提取出年份，然后将公式向下填充，提取其他“出生日期”中的年份，如图7-45所示。

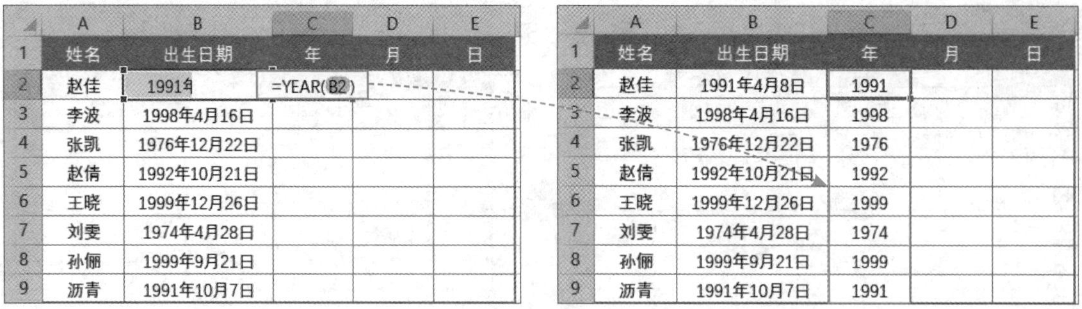

图 7-45

选择D2单元格，输入公式"=MONTH(B2)"，按【Enter】键确认，提取出月份，然后将公式向下填充即可，如图7-46所示。

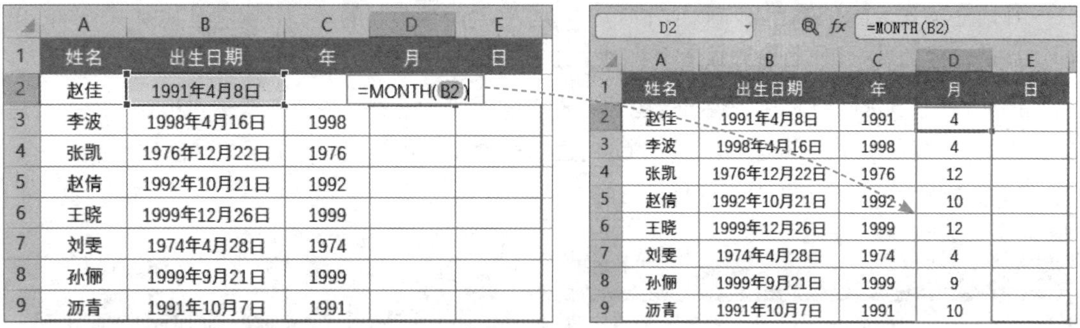

图 7-46

选择E2单元格，输入公式"=DAY(B2)"，按【Enter】键确认，提取出日期数，然后将公式向下填充即可，如图7-47所示。

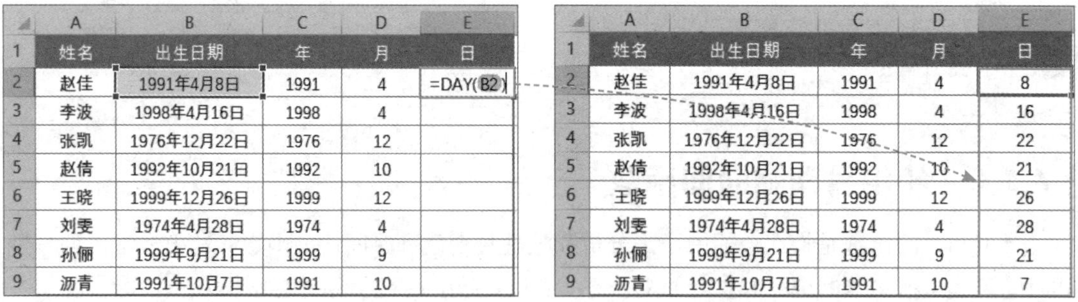

图 7-47

知识点拨

使用【Ctrl+;】组合键可以快速生成当前日期，使用【Ctrl+Shift+;】组合键可以快速生成当前时间。

2. 时间函数

SECOND、MINUTE、HOUR函数都属于时间函数。其中SECOND函数用于提取时间系列值中的秒数；MINUTE函数用于提取时间系列值中的分钟数；HOUR函数用于提取时间系列值中的小时数。这三个函数都只有一个参数，参数是要获取信息的时间值，或可转化为时间值的数据与公式。

WPS Office办公软件应用标准教程（实战微课版）

例如，从时间中提取小时数、分钟数和秒数。选择B2单元格，输入公式"=HOUR(A2)&"时""，按【Enter】键确认，提取出小时数，然后将公式向下填充即可，如图7-48所示。

选择C2单元格，输入公式"=MINUTE(A2)&"分""，如图7-49所示。按【Enter】键确认，提取出分钟数，然后将公式向下填充即可，如图7-50所示。

▲	A	B	C	D
1	时间	小时数	分钟数	秒数
2		=HOUR(A2)&"时"		
3	11:50:30			
4	13:45:50			
5	9:35:20			
6	16:36:15			

图 7-48

▲	A	B	C	D
1	时间	小时数	分钟数	秒数
2	7:20:10	7时		
3	11:50:30	11时		
4	13:45:50	13时		
5	9:35:20	9时		
6	16:36:15	16时		

图 7-49

▲	A	B	C	D
1	时间	小时数	分钟数	秒数
2	7:20:10		=MINUTE(A2)&"分"	
3	11:50:30	11时		
4	13:45:50	13时		
5	9:35:20	9时		
6	16:36:15	16时		

选择D2单元格，输入公式"=SECOND(A2)&"秒""，按【Enter】键确认，提取出秒数，然后将公式向下填充即可，如图7-51所示。

▲	A	B	C	D
1	时间	小时数	分钟数	秒数
2	7:20:10	7时	20分	
3	11:50:30	11时	50分	
4	13:45:50	13时	45分	
5	9:35:20	9时	35分	
6	16:36:15	16时	36分	

图 7-50

▲	A	B	C	D	E
1	时间	小时数	分钟数	秒数	
2	7:20:10	7时		=SECOND(A2)&"秒"	
3	11:50:30	11时	50分		
4	13:45:50	13时	45分		
5	9:35:20	9时	35分		
6	16:36:15	16时	36分		

▲	A	B	C	D
1	时间	小时数	分钟数	秒数
2	7:20:10	7时	20分	10秒
3	11:50:30	11时	50分	30秒
4	13:45:50	13时	45分	50秒
5	9:35:20	9时	35分	20秒
6	16:36:15	16时	36分	15秒

图 7-51

动手练 判断是否有证书

扫码看视频

用户可以使用IF函数和其他函数进行嵌套来完成更复杂的判断。假设"笔试成绩"和"面试成绩"必须都大于60，才能取得证书，如图7-52所示。

▲	A	B	C	D
1	姓名	笔试成绩	面试成绩	是否有证书
2	赵佳	78	69	
3	刘雯	88	74	
4	郭伟	55	45	
5	赵璇	61	58	
6	杨烁	82	88	
7	孙可	69	55	

▲	A	B	C	D
1	姓名	笔试成绩	面试成绩	是否有证书
2	赵佳	78	69	有
3	刘雯	88	74	有
4	郭伟	55	45	没有
5	赵璇	61	58	没有
6	杨烁	82	88	有
7	孙可	69	55	没有

图 7-52

选择D2单元格，输入公式"=IF(AND(B2>60,C2>60),"有","没有")"，按【Enter】键确认，计算出结果，然后将公式向下填充，判断其他人是否有证书，如图7-53所示。

▲	A	B	C	D	E
1	姓名	笔试成绩	面试成绩	是否有证书	
2	赵佳	78		=IF(AND(B2>60,C2>60),"有","没有")	
3	刘雯	88	74		
4	郭伟	55	45	输入公式	
5	赵璇	61	58		
6	杨烁	82	88		
7	孙可	69	55		

图 7-53

公式解析

公式中先使用AND函数判断"笔试成绩"和"面试成绩"是否都大于60，然后使用IF函数判断，如果成立就返回"有"证书，不成立就返回"没有"证书。

案例实战：制作员工工资表

员工工资表是单位或部门用于核算员工工资的表格，表格中详细记录了各员工的工资明细信息，下面就利用本章所学知识点，制作员工工资表，如图7-54所示。

	A	B	C	D	E	F	G	H	I	J	K	L	M	N
1	工号	姓名	部门	职务	入职时间	基本工资	工龄	工龄工资	岗位津贴	应付工资	社保扣款	应扣所得税	实发工资	员工签字
2	001	王学	财务部	经理	2007/8/1	¥9,000	12	¥3,600	¥200	¥12,800	¥2,869	¥377.3	¥9,554.2	
3	002	赵佳	采购部	员工	2014/10/12	¥4,000	5	¥1,500	¥200	¥5,700	¥1,258	¥52.2	¥4,389.8	
4	003	刘明	生产部	主管	2011/3/9	¥5,000	9	¥2,700	¥300	¥8,000	¥1,517	¥100.3	¥6,382.7	
5	004	赵宣	行政部	经理	2009/9/1	¥6,000	10	¥3,000	¥200	¥9,200	¥2,000	¥180.6	¥7,019.6	
6	005	孙琦	人事部	经理	2006/11/10	¥7,000	13	¥3,900	¥300	¥11,200	¥2,850	¥340.0	¥8,010.0	
7	006	吴倩	财务部	员工	2008/10/1	¥5,500	11	¥3,300	¥200	¥9,000	¥1,998	¥165.4	¥6,836.6	
8	007	刘猛	行政部	主管	2009/4/6	¥5,000	11	¥3,300	¥200	¥8,500	¥1,813	¥121.7	¥6,565.3	
9	008	张杰	采购部	经理	2006/6/2	¥9,000	14	¥4,200	¥200	¥13,400	¥2,924	¥440.2	¥10,035.8	
10	009	韩军	生产部	经理	2011/9/8	¥7,000	8	¥2,400	¥300	¥9,700	¥2,332	¥186.8	¥7,181.2	
11	010	刘能	生产部	员工	2017/2/1	¥3,000	3	¥300	¥300	¥3,600	¥703	¥0.0	¥2,897.0	
12	011	周洁	人事部	主管	2011/9/1	¥5,000	8	¥2,400	¥300	¥7,700	¥1,443	¥73.7	¥6,183.3	
13	012	李媛	采购部	主管	2012/6/8	¥7,500	8	¥2,400	¥200	¥10,100	¥2,517	¥213.3	¥7,369.7	
14	013	吴乐	人事部	员工	2013/1/1	¥4,000	7	¥2,100	¥300	¥6,400	¥1,332	¥65.8	¥5,002.2	
15	014	徐梅	财务部	员工	2015/9/10	¥3,500	4	¥400	¥200	¥4,100	¥925	¥0.0	¥3,175.0	
16	015	李军	生产部	员工	2017/3/2	¥4,000	3	¥300	¥300	¥4,600	¥969	¥0.0	¥3,631.0	

图 7-54

Step 01 计算"工龄"。首先新建一个工作表，输入员工相关信息，选择G2单元格，输入公式"=DATEDIF(E2,TODAY(),"Y")"，按【Enter】键确认，计算出"工龄"，并将公式向下填充，如图7-55所示。

	G2			@ fx	=DATEDIF(E2,TODAY(),"Y")	
	B	C	D	E	F	G
1	姓名	部门	职务	入职时间	基本工资	工龄
2	王学	财务部	经理	2007/8/1	¥9,000	12
3	赵佳	采购部	员工	2014/10/12	¥4,000	5
4	刘明	生产部	主管	2011/3/9	¥5,000	9
5	赵宣	行政部	经理	2009/9/1	¥6,000	10
6	孙琦	人事部	经理	2006/11/10	¥7,000	13
7	吴倩	财务部	员工	2008/10/1	¥5,500	11
8	刘猛	行政部	主管	2009/4/6	¥5,000	11
9	张杰	采购部	经理	2006/6/2	¥9,000	14
10	韩军	生产部	经理	2011/9/8	¥7,000	8
11	刘能	生产部	员工	2017/2/1	¥3,000	3

图 7-55

Step 02 计算"工龄工资"。选择H2单元格，输入公式"=IF(G2<5,G2*100,G2*300)"，按【Enter】键确认，计算出"工龄工资"，并将公式向下填充，如图7-56所示。

	H2			@ fx	=IF(G2<5,G2*100,G2*300)	
	C	D	E	F	G	H
1	部门	职务	入职时间	基本工资	工龄	工龄工资
2	财务部	经理	2007/8/1	¥9,000	12	¥3,600
3	采购部	员工	2014/10/12	¥4,000	5	¥1,500
4	生产部	主管	2011/3/9	¥5,000	9	¥2,700
5	行政部	经理	2009/9/1	¥6,000	10	¥3,000
6	人事部	经理	2006/11/10	¥7,000	13	¥3,900
7	财务部	员工	2008/10/1	¥5,500	11	¥3,300
8	行政部	主管	2009/4/6	¥5,000	11	¥3,300
9	采购部	经理	2006/6/2	¥9,000	14	¥4,200
10	生产部	经理	2011/9/8	¥7,000	8	¥2,400
11	生产部	员工	2017/2/1	¥3,000	3	¥300
12	人事部	主管	2011/9/1	¥5,000	8	¥2,400

图 7-56

公式解析

DATEDIF函数用于计算两个日期值间隔的天数、月数或年数。公式"=DATEDIF(E2,TODAY(),"Y")"，其中"E2"表示起始日期；"TODAY()"表示终止日期；"Y"表示返回两个日期值间隔的整年数。

WPS Office办公软件应用标准教程（实战微课版）

Step 03 计算“岗位津贴”。首先在新的工作表中制作一个“津贴标准”表格。然后选择I2单元格，输入公式“=VLOOKUP(C2,津贴标准!$A$2:$B$7,2,FALSE)”，按【Enter】键确认，计算出“岗位津贴”，并将公式向下填充，如图7-57所示。

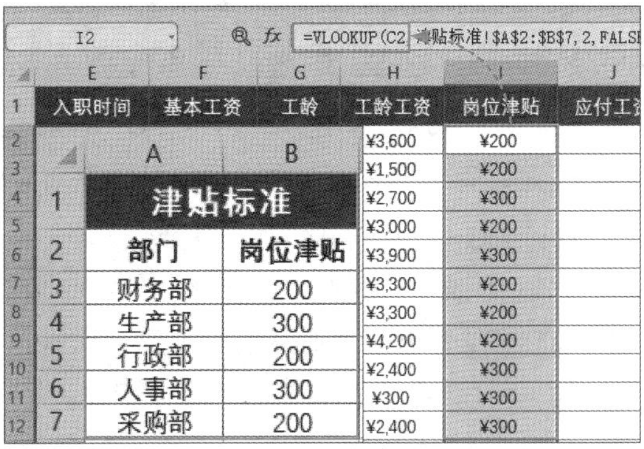

	A	B
1	津贴标准	
2	部门	岗位津贴
3	财务部	200
4	生产部	300
5	行政部	200
6	人事部	300
7	采购部	200

	E	F	G	H	I	J
1	入职时间	基本工资	工龄	工龄工资	岗位津贴	应付工资
2				¥3,600	¥200	
3				¥1,500	¥200	
4				¥2,700	¥300	
5				¥3,000	¥200	
6				¥3,900	¥300	
7				¥3,300	¥200	
8				¥3,300	¥200	
9				¥4,200	¥200	
10				¥2,400	¥300	
11				¥300	¥300	
12				¥2,400	¥300	

图 7-57

Step 04 计算“应付工资”。选择J2单元格，输入公式“=F2+H2+I2”，按【Enter】键计算出“应付工资”，并将公式向下填充，如图7-58所示。

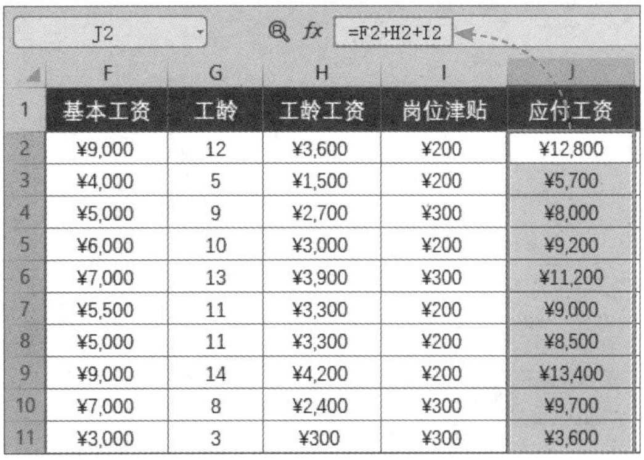

	F	G	H	I	J
1	基本工资	工龄	工龄工资	岗位津贴	应付工资
2	¥9,000	12	¥3,600	¥200	¥12,800
3	¥4,000	5	¥1,500	¥200	¥5,700
4	¥5,000	9	¥2,700	¥300	¥8,000
5	¥6,000	10	¥3,000	¥200	¥9,200
6	¥7,000	13	¥3,900	¥300	¥11,200
7	¥5,500	11	¥3,300	¥200	¥9,000
8	¥5,000	11	¥3,300	¥200	¥8,500
9	¥9,000	14	¥4,200	¥200	¥13,400
10	¥7,000	8	¥2,400	¥300	¥9,700
11	¥3,000	3	¥300	¥300	¥3,600

图 7-58

Step 05 计算“实发工资”。选择M2单元格，输入公式“=J2-K2-L2”，按【Enter】键确认，计算出“实发工资”，并将公式向下填充，如图7-59所示。

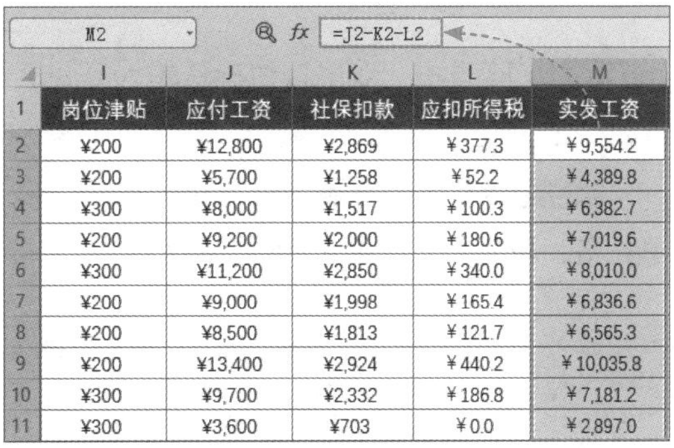

	I	J	K	L	M
1	岗位津贴	应付工资	社保扣款	应扣所得税	实发工资
2	¥200	¥12,800	¥2,869	¥377.3	¥9,554.2
3	¥200	¥5,700	¥1,258	¥52.2	¥4,389.8
4	¥300	¥8,000	¥1,517	¥100.3	¥6,382.7
5	¥200	¥9,200	¥2,000	¥180.6	¥7,019.6
6	¥300	¥11,200	¥2,850	¥340.0	¥8,010.0
7	¥200	¥9,000	¥1,998	¥165.4	¥6,836.6
8	¥200	¥8,500	¥1,813	¥121.7	¥6,565.3
9	¥200	¥13,400	¥2,924	¥440.2	¥10,035.8
10	¥300	¥9,700	¥2,332	¥186.8	¥7,181.2
11	¥300	¥3,600	¥703	¥0.0	¥2,897.0

图 7-59

公式解析

实发工资=应付工资-社保扣款-应扣所得税。

用户除了可以使用移动端WPS Office对表格中的数据进行分析操作外，还可以在表格中输入公式完成简单的求和、求平均值等，下面详细介绍操作步骤。

Step 01 使用移动端WPS Office打开一个表格，双击选择E2单元格，弹出一个输入面板，选择"f(x)"选项，并在下方选择"="，接着再选择"sum"，如图7-60所示。

Step 02 在表格中点击B2单元格，然后在下方选择"："，接着点击D2单元格，完成求和公式的输入，如图7-61所示。

图 7-60

图 7-61

Step 03 点击"√"按钮确认输入公式，计算出"总分"，接着再次点击E2单元格，在上方弹出一个工具栏。选择"填充"选项，如图7-62所示。

Step 04 单元格周围出现"上""下""左""右"箭头，选择向下的箭头，并向下拖动到E8单元格，填充公式即可，如图7-63所示。

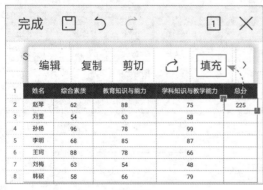

图 7-62

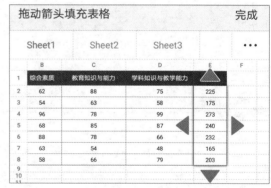

图 7-63

第8章
用图表展示数据

WPS为用户提供了多种图表类型，包括柱形图、折线图、饼图、条形图等，用图表来展示数据，不仅可以清晰地体现数据之间的各种对应关系和变化趋势，而且可使枯燥的数据更加生动形象，便于理解，本章将对图表的创建和编辑等进行全面介绍。

8.1 创建和编辑图表

WPS提供了9种图表类型，用户可以根据需要进行创建，并且可以更改图表类型、调整图表大小和位置、为图表添加元素等。

8.1.1 创建图表

创建图表其实很简单，用户选择数据区域后，在"插入"选项卡中单击"全部图表"按钮，在打开的"插入图表"对话框中选择需要的图表类型，例如，柱形图、折线图、饼图、条形图等，单击"插入"按钮即可，如图8-1所示。

此外，用户也可以选择数据区域后，打开"插入"选项卡，在功能区中单击选择合适的图表类型即可，如图8-2所示。

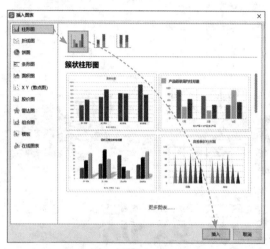

图 8-1

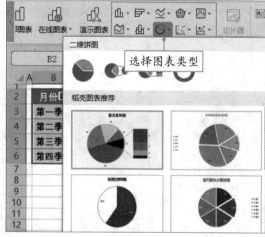

图 8-2

8.1.2 更改图表类型

当用户对插入的图表不满意时，可以更改图表的类型。选择图表，打开"图表工具"选项卡，单击"更改类型"按钮，打开"更改图表类型"对话框，从中选择一种图表类型，如图8-3所示。单击"插入"按钮，即可更改当前图表类型。

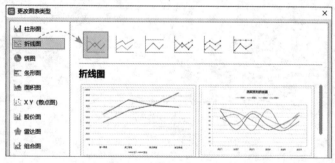

图 8-3

8.1.3 调整图表大小和位置

插入图表后，为了使图表显示在工作表的合适位置，用户可以对图表的大小和位置进行调整。

1. 调整图表大小

选择图表，将光标移至图表右下角的控制点上，按住鼠标左键不放并拖动光标，即可调整图表的大小，如图8-4所示。

此外，选择图表后，选择"图表工具"选项卡，单击"设置格式"按钮，打开"属性"窗格，在"大小与属性"选项卡中，可以通过设置图表的"高度"和"宽度"值来调整图表的大小，如图8-5所示。

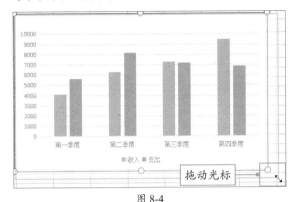

图 8-4

图 8-5

2. 调整图表位置

用户使用鼠标可以直接调整图表的位置。选择图表，将光标移至图表上方空白处，此时光标会改变形状，然后按住鼠标左键不放并拖动光标至合适位置后，如图8-6所示，释放鼠标即可移动图表。

此外，选择图表后，在"图表工具"选项卡中单击"移动图表"按钮，打开"移动图表"对话框，在该对话框中可以选择放置图表的位置，如图8-7所示。

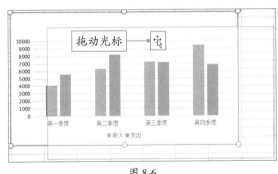

图 8-6

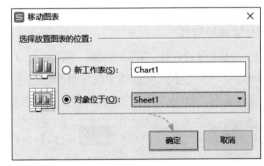

图 8-7

8.1.4 添加图表元素

创建一个图表后，默认显示"图表标题""水平轴""垂直轴""图例"等元素。用户可以根据需要为图表添加其他元素，例如数据标签、数据表、趋势线等。

1. 添加数据标签

选择图表，在"图表工具"选项卡中单击"添加元素"下拉按钮，从弹出的列表中选择"数据标签"选项，并从其级联菜单中选择数据标签位置，这里选择"数据标签外"选项，如图8-8所示，即可为图表添加数据标签，如图8-9所示。

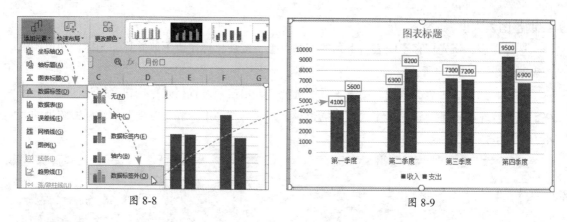

图 8-8

图 8-9

2. 添加数据表

　　选择图表，在"添加元素"下拉列表中选择"数据表"选项，并从其级联菜单中选择合适的选项，这里选择"无图例项标示"选项，如图8-10所示，即可为图表添加数据表，如图8-11所示。

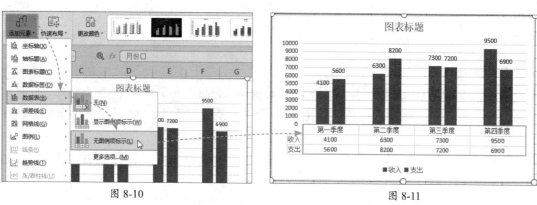

图 8-10

图 8-11

3. 添加趋势线

　　选择图表，在"添加元素"下拉列表中选择"趋势线"选项，并从其级联菜单中选择需要的趋势线类型，这里选择"线性预测"选项，打开"添加趋势线"对话框，选择需要添加趋势线的系列，单击"确定"按钮，如图8-12所示，即可为图表添加趋势线，如图8-13所示。

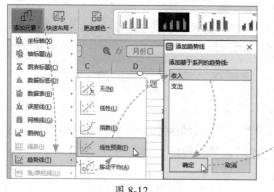

图 8-12

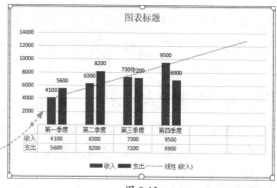

图 8-13

知识点拨

如果用户需要隐藏图表中的网格线，则可以选择图表，在“图表工具”选项卡中单击“添加元素”下拉按钮，在弹出的列表中选择“网格线”选项，并在其级联菜单中取消选中各选项即可。

扫码看视频

动手练 制作上半年各店铺销量分析图表

在工作中，会经常使用图表展示数据。用户可以将上半年各店铺的销量情况制作成图表进行查看分析，如图8-14所示。

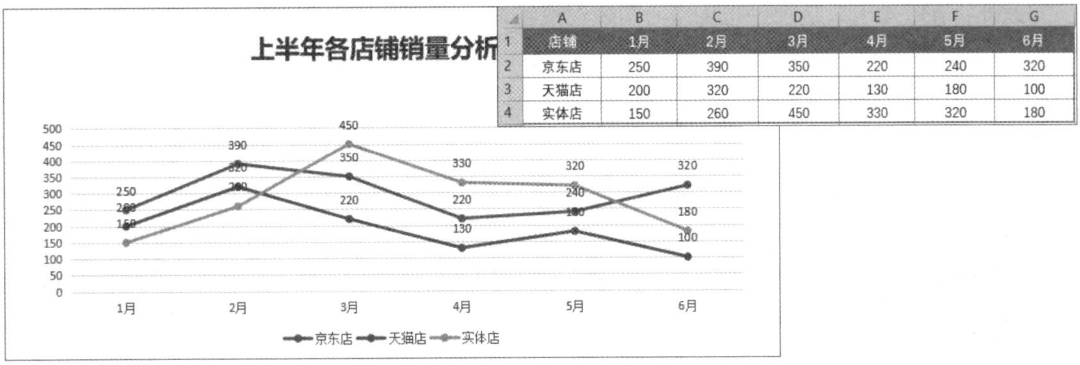

上半年各店铺销量分析
店铺 1月 2月 3月 4月 5月 6月
京东店 250 390 350 220 240 320
天猫店 200 320 220 130 180 100
实体店 150 260 450 330 320 180
京东店
天猫店
实体店

图 8-14

选择数据区域，打开“插入”选项卡，单击“插入折线图”下拉按钮，在弹出的列表中选择“带数据标记的折线图”选项，如图8-15所示，即可创建一个折线图表。在“图表标题”文本框中输入标题名称“上半年各店铺销量分析”，如图8-16所示。

选择图表，在“图表工具”选项卡中单击“添加元素”下拉按钮，在弹出的列表中选择“数据标签”选项，并从其级联菜单中选择“上方”选项，为图表添加数据标签。

最后将图表调整为合适大小，并设置标题的字体格式即可。

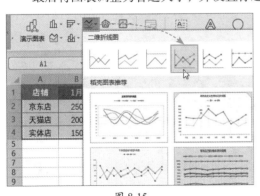

演示图表
二维折线图
稻壳图表推荐
店铺
京东店
天猫店
实体店

图 8-15

上半年各店铺销量分析
京东店
天猫店
实体店

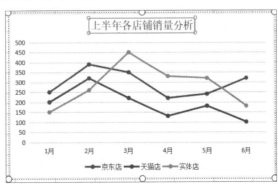

图 8-16

8.2 设置图表格式

设置图表格式包括设置图表区格式、设置坐标轴格式以及设置数据系列格式。通过对图表格式的设置，制作出需要的图表效果。

8.2.1 设置图表区格式

图表区包含了整张图表的所有元素。用户可以为图表区设置填充颜色、边框样式、阴影、发光和柔化边缘效果。

1. 设置填充颜色

选择图表，右击，在弹出的快捷菜单中选择"设置图表区域格式"命令，如图8-17所示。打开"属性"窗格，选择"填充与线条"选项卡，在"填充"选项中选中"纯色填充"单选按钮，单击"颜色"下拉按钮，在弹出的列表中选择合适的颜色，如图8-18所示，即可为图表区设置填充颜色。

此外，在"填充"选项中也可以为图表区设置渐变填充、图片或纹理填充、图案填充等。

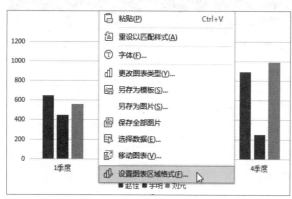

图 8-17

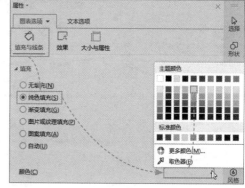

图 8-18

2. 设置边框样式

在"填充与线条"选项卡中选择"线条"选项，在该选项中可以设置图表边框的线条样式、线条颜色、线条宽度、线条类型等，如图8-19所示。

3. 设置阴影效果

在"效果"选项卡中选择"阴影"选项，在该选项中可以为图表区设置合适的阴影效果，如图8-20所示。

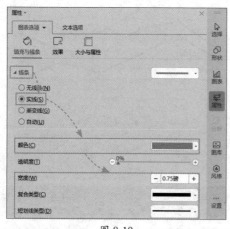

图 8-19

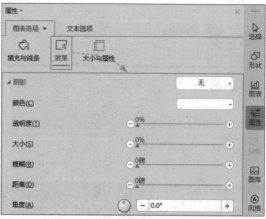

图 8-20

如果用户需要选择图表中的某个元素，则可以在"图表工具"选项卡中，单击"图表元素"下拉按钮，在弹出的列表中选择需要的选项，如图8-21所示，即可在图表中将该元素选中。

图 8-21

4. 设置发光、柔化边缘效果

在"效果"选项卡中选择"发光"选项，可以为图表区设置发光效果，如图8-22所示。选择"柔化边缘"选项，可以设置柔化边缘的大小，如图8-23所示。

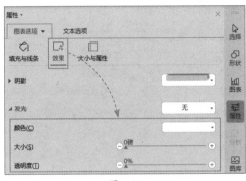

图 8-22

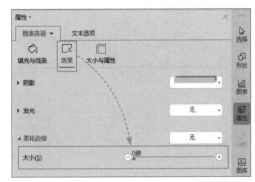

图 8-23

▌8.2.2 设置坐标轴格式

坐标轴是标示图表数据类别的坐标线，用户可以对图表的"水平轴"和"垂直轴"的格式进行相关设置。

1. 设置水平轴

选择图表中的"水平轴"，右击，在弹出的快捷菜单中选择"设置坐标轴格式"命令，如图8-24所示。打开"属性"窗格，选择"坐标轴"选项卡，在"坐标轴选项"中，可以设置坐标轴类型、纵坐标轴交叉、坐标轴位置、逆序类别等，如图8-25所示。

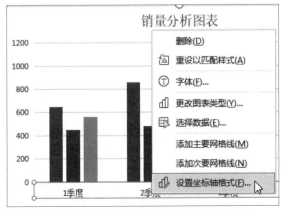

图 8-24

图 8-25

此外，在"坐标轴"选项卡中还可以设置坐标轴的刻度线标记、标签间隔、标签位置、数字类别等。

2. 设置垂直轴

选择图表中的"垂直轴"，右击，在弹出的快捷菜单中选择"设置坐标轴格式"命令，打开"属性"窗格，在"坐标轴选项"中，可以设置坐标轴的边界、单位、横坐标轴交叉、显示单位等，如图8-26所示。

此外，在"刻度线标记"选项中，可以设置刻度线标记的主要类型和次要类型。

在"标签"选项中，可以设置标签位置。在"数字"选项中可以设置数字类别、格式代码等，如图8-27所示。

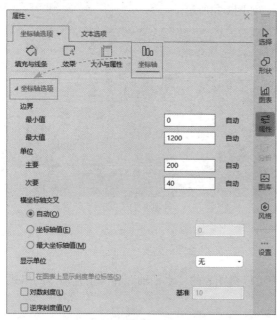

图 8-26

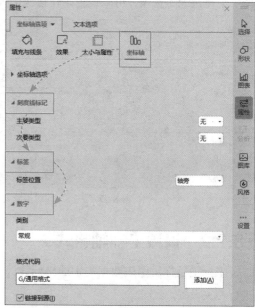

图 8-27

8.2.3 设置数据系列格式

在柱形图中，图表中的柱形就是数据系列。用户可以调整数据系列的间距，并且还可以删除和添加数据系列。

1. 调整数据系列间距

选择数据系列，右击，在弹出的快捷菜单中选择"设置数据系列格式"命令，如图8-28所示。打开"属性"窗格，选择"系列"选项卡，在"系列选项"中，可以设置"系列重叠"和"分类间距"，如图8-29所示。

例如，将"系列重叠"的滑块向右拖动，系列之间的间距变小直至重叠；向左拖动滑块，系列之间的间距变大。

将"分类间距"的滑块向右拖动，分类之间的间距变大；向左拖动滑块，分类之间的间距变小。

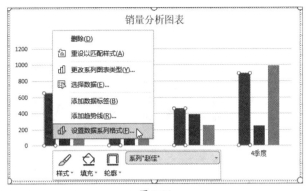
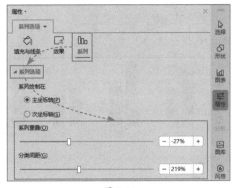

图 8-28　　　　　　　　　　　　图 8-29

2. 删除数据系列

选择图表，将光标放在数据表中的小方块上，按住鼠标左键不放并向里拖动光标，取消对数据的引用，即可删除数据系列，如图8-30所示。

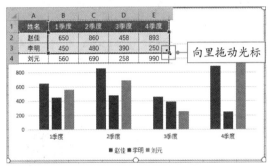
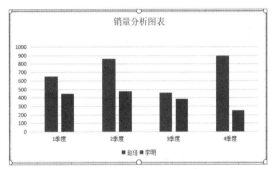

图 8-30

或者选择图表后，在"图表工具"选项卡中单击"选择数据"按钮，打开"编辑数据源"对话框，在"系列"列表框中取消对某个系列的勾选，如图8-31所示。单击"确定"按钮，即可将该数据系列删除。

此外，在图表中选择某个数据系列后，直接按【Delete】键，也可以删除数据系列。

图 8-31

3. 添加数据系列

选择图表后，将光标放在数据表中的小方块上，按住鼠标左键不放并向外拖动光标，引用数据区域即可添加数据系列，如图8-32所示。

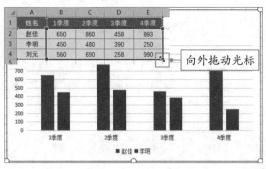
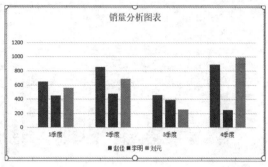

图 8-32

或者打开"编辑数据源"对话框,单击"图表数据区域"右侧的按钮,重新选择数据区域,如图8-33所示,即可添加数据系列。

图 8-33

动手练 制作双坐标图表

通常需要对数据进行对比分析时,制作双坐标图表,可以更直观、清晰地对比数据,如图8-34所示。

选择数据区域,打开"插入"选项卡,单击"插入柱形图"下拉按钮,在弹出的列表中选择"簇状柱形图"选项,创建一个柱形图。输入图表标题,然后选择"预计销量"数据系列,在"绘图工具"选项卡中设置系列的填充颜色和轮廓,如图8-35所示。按照同样的方法,设置"实际销量"数据系列的填充颜色和轮廓。

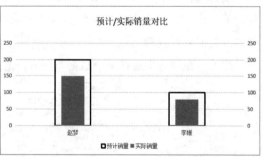

图 8-34

接着选择"实际销量"数据系列,右击,在弹出的快捷菜单中选择"设置数据系列格式"命令,打开"属性"窗格,在"系列选项"中选中"次坐标轴"单选按钮,并将"分类间距"设置为"400%"。

选择"垂直轴",右击,在弹出的快捷菜单中选择"设置坐标轴格式"命令,在"坐标轴选项"中,将"最大值"设置为"250",主要单位设置为"50"。接着选择"次垂直轴",同样将"最大值"设置为"250",主要单位设置为"50"即可,如图8-36所示。

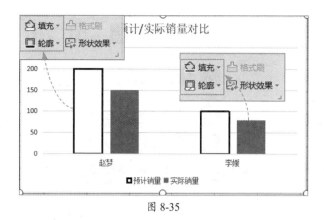

图 8-35

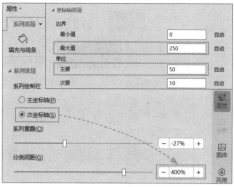

图 8-36

⊡ 8.3 设置图表布局与样式

默认的图表样式一般不是很美观，用户可以通过设置图表的布局和样式，达到快速美化图表的效果。

▌8.3.1 设置图表布局

WPS为用户内置了几种图表布局。只需要选择图表，在"图表工具"选项卡中单击"快速布局"下拉按钮，在弹出的列表中选择一种布局样式即可，如图8-37所示。

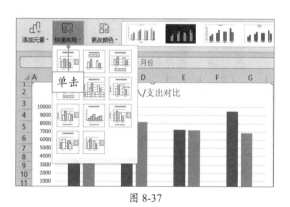

图 8-37

知识点拨

用户也可以选择图表后，单击图表右上方的"图表元素"按钮，在弹出的面板中选择"快速布局"选项，并选择合适的布局样式即可。

▌8.3.2 设置图表样式

WPS也内置了一些图表样式，允许用户快速对图表进行美化。选择图表，在"图表工具"选项卡中单击"其他"下拉按钮，在弹出的列表中选择一种免费的图表样式即可，如图8-38所示。

此外，单击"更改颜色"下拉按钮，在弹出的列表中选择一种颜色类型，如图8-39所示，即可快速更改数据系列的颜色。

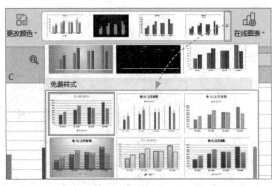

图 8-38

图 8-39

动手练 为图表添加图片背景

为了使图表看起来更加赏心悦目，用户一般会为图表设置背景，除了为图表设置纯色或渐变填充背景外，用户也可以为图表设置图片背景，如图8-40所示。

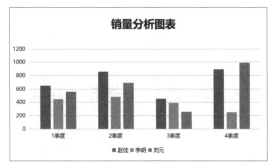
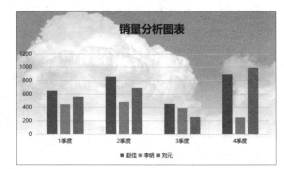

图 8-40

选择图表，在"图表工具"选项卡中单击"设置格式"按钮，打开"属性"窗格，在"填充"选项中选中"图片或纹理填充"单选按钮，接着单击"图片填充"右侧下拉按钮，在弹出的列表中选择"本地文件"选项，如图8-41所示。打开"选择纹理"对话框，从中选择合适的图片，如图8-42所示。单击"打开"按钮，即可为图表添加图片背景。

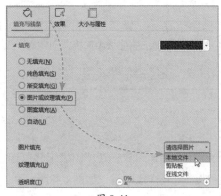

图 8-41

图 8-42

案例实战：制作年度收支对比图表

年底有的用户需要对一年的收入和支出做出总结，以便清楚地了解自己收支情况，然后合理控制消费，下面就利用本章所学知识制作年度收支对比图表，如图8-43所示。

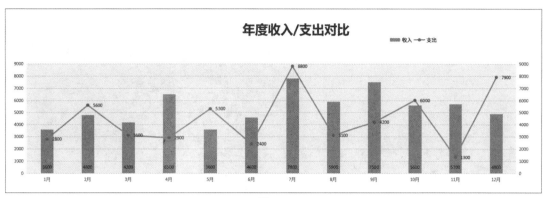

图 8-43

Step 01 创建组合图表。选择数据区域，打开"插入"选项卡，单击"全部图表"按钮，打开"插入图表"对话框，选择"组合图"选项，并选择"簇状柱形图-折线图"选项，接着单击"支出"下拉按钮，在弹出的列表中选择"带数据标记的折线图"选项，勾选"次坐标轴"复选框，单击"插入"按钮，如图8-44所示，即可创建一个线柱组合图表。

Step 02 设置"次要垂直轴"。选择"次要垂直轴"，右击，在弹出的快捷菜单中选择"设置坐标轴格式"命令，打开"属性"窗格，在"坐标轴选项"中将"最大值"设置为"9000"，主要单位设置为"1000"，如图8-45所示。

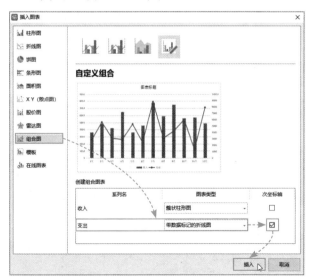

图 8-44

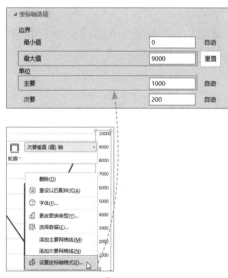

图 8-45

Step 03 设置"收入"系列颜色。选择"收入"系列，右击，在弹出的快捷菜单中选择"设置数据系列格式"选项，打开"属性"窗格，在"填充"选项中选中"纯色填充"单选按钮，单击"颜色"下拉按钮，在弹出的列表中选择合适的颜色，如图8-46所示，即可为"收入"数据系列设置所选颜色。

Step 04 设置"支出"系列颜色。选择"支出"数据系列，打开"线条"选项卡，在"线条"选项中选中"实线"单选按钮，并设置合适的线条颜色，接着打开"标记"选项卡，在"数据标记选项"中选中"内置"单选按钮，并在"类型"列表中选择合适的标记类型，将"大小"设置为"6"，在"填充"选项中选中"纯色填充"单选按钮，并设置合适的填充颜色，最后将线条设置为"实线"，如图8-47所示。

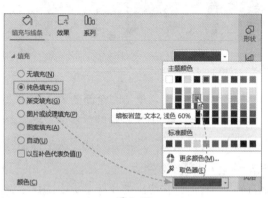

图 8-46

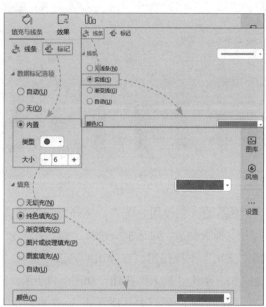

图 8-47

Step 05 设置"绘图区"填充颜色。选择"绘图区"，打开"绘图工具"选项卡，单击"填充"下拉按钮，在弹出的列表中选择合适的颜色，如图8-48所示。

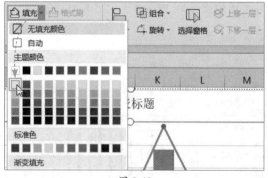

图 8-48

Step 06 添加数据标签。选择图表，打开"图表工具"选项卡，单击"添加元素"下拉按钮，在弹出的列表中选择"数据标签"选项，并从级联菜单中选择"轴内"选项，如图8-49所示。最后输入图表标题，调整一下图表布局即可。

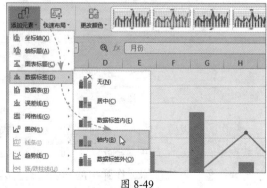

图 8-49

WPS Office办公软件应用标准教程（实战微课版）

使用移动端WPS Office还可以对表格进行简单的美化，用户只需要直接套用表格样式就可以达到美化表格的效果，下面就详细介绍一下操作步骤。

Step 01 使用移动端WPS Office打开一个表格，选择表格中的数据区域，点击左下角的图标按钮，弹出一个面板，选择"开始"选项卡，然后选择"表格样式"选项，如图8-50所示。

Step 02 再次弹出一个面板，从中选择合适的表格样式，点击"确定"按钮，如图8-51所示，即可为表格套用所选样式。

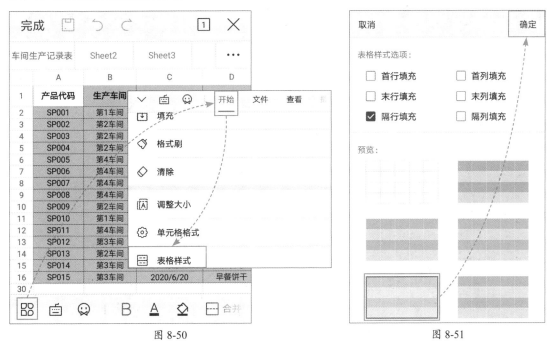

图 8-50　　　　　　　　　　　　　　　　　　　　图 8-51

Step 03 选择列标题数据区域，点击"填充颜色"图标，弹出一个面板，选择合适的颜色，如图8-52所示，即可为所选区域添加底纹颜色。

Step 04 保持列标题数据区域为选中状态，点击"字体颜色"图标，选择合适的字体颜色，即可更改列标题的字体颜色，如图8-53所示。

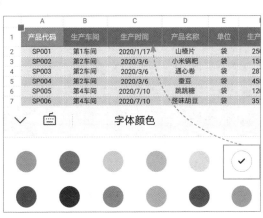

图 8-52　　　　　　　　　　　　　　　　　　　　图 8-53

读书笔记

第9章
保护与打印数据表

　　尽管无纸化办公越来越成为一种流行趋势，但是有时候制作的报表还需要打印输出，并且为了防止重要报表中的数据泄露，通常需要对表格进行保护。本章将对报表的保护和打印进行全面介绍。

9.1 报表保护

用户制作好一个报表后，可以根据需要对报表中的内容进行保护，或为报表设置允许编辑区域。

9.1.1 保护当前工作表

用户可以通过密码对锁定的单元格进行保护，以防止工作表中的数据被更改。选择需要保护的工作表，打开"审阅"选项卡，单击"保护工作表"按钮，打开"保护工作表"对话框，在"密码"文本框中可以设置保护密码，在"允许此工作表的所有用户进行"列表框中，可以勾选允许用户在工作表中进行的操作选项，单击"确定"按钮，如图9-1所示。弹出"确认密码"对话框，重新输入密码后单击"确定"按钮，如图9-2所示，即可对工作表进行保护。用户只能在"允许此工作表的所有用户进行"列表框中进行勾选的操作，其他操作无法进行。

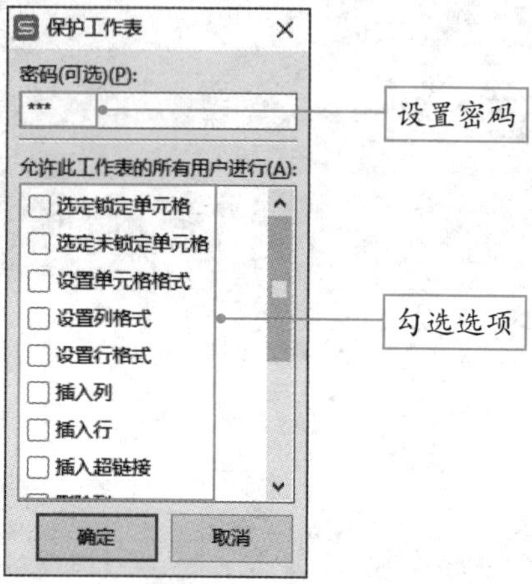

此外，如果用户想要取消对工作表的保护，则可以在"审阅"选项卡中单击"撤销工作表保护"按钮，在打开的"撤销工作表保护"对话框中输入设置的保护密码，单击"确定"按钮即可。

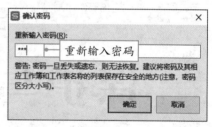

图 9-1

图 9-2

9.1.2 设置允许编辑区域

在保护工作表之前，用户可以设置允许他人编辑的区域。例如，允许他人填写"联系电话"信息。首先选择"联系电话"单元格区域，在"审阅"选项卡中单击"锁定单元格"按钮，取消锁定单元格，接着单击"允许用户编辑区域"按钮，如图9-3所示。

打开"允许用户编辑区域"对话框，单击"新建"按钮，如图9-4所示。弹出"新区域"对话框，在"标题"文本框中设置区域名称，

图 9-3

单击"确定"按钮，如图9-5所示。返回"允许用户编辑区域"对话框，单击"保护工作表"按钮，打开"保护工作表"对话框，在"密码"文本框中输入保护密码，在"允许此工作表的所有用户进行"列表框中取消勾选"选定锁定单元格"复选框，单击"确定"按钮，如图9-6所示。在弹出的对话框中重新输入密码，确认后用户只能填写"联系电话"信息，而不能修改其他数据。

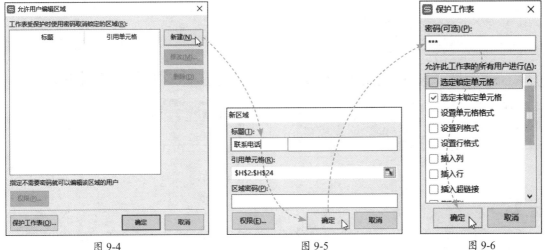

图 9-4   图 9-5   图 9-6

动手练 **自动修复受损工作簿**

扫码看视频

在制作报表时，如果遇到突然断电或计算机死机导致无法及时保存工作簿的情况，系统会自动修复未保存的数据，如图9-7所示。

#	A	B	C	D	E	F	G	H	I	J	K	L	M
1	编号	姓名	性别	出生日期	部门	职务	学历	联系方式	地址	基本工资			
2	DS01	左代	男	1980年07月05日	销售部	经理	硕士	139****4021	吉林长春	5800			
3	DS02	王进	女	1981年06月15日	生产部	主管	本科	131****4022	新疆库尔勒	4800			
4	DS03	杨柳书	女	1978年04月30日	研发部	员工	硕士	132****4023	江苏南京	3600			
5	DS04	任小义	女	1975年10月12日	财务部	员工	专科	133****4024	江苏徐州	4200			
6	DS05	刘诗琦	男	1983年07月10日	销售部	员工	本科	134****4025	江苏常州				
7	DS06	袁中星	男	1972年09月01日	行政部	经理	本科	135****4026	江苏南通				
8	DS07	邢小勤	男	1968年09月18日	研发部	员工	硕士	136****4027	江苏苏州				

图 9-7

再次打开没有及时保存的工作簿，系统会弹出一个提示信息，提示上一次未正常关闭，已恢复到最新版本。如果用户想要找到更早的版本，则可以单击"查看更多备份"按钮，在"备份中心"进行查找即可。

9.2 打印报表

在打印报表之前，用户首先要确定需要打印的表格区域，并且根据需要对打印页面进行设置。

9.2.1 打印指定区域

用户可以选择工作表中任意区域为打印区域，而非完全打印。选择需要打印的区域，在"页面布局"选项卡中单击"打印区域"下拉按钮，从弹出的列表中选择"设置打印区域"选项，如图9-8所示。单击"打印预览"按钮进入"打印预览"界面，即可看到只有选中的区域才被打印出来，如图9-9所示。

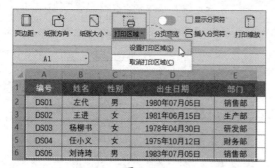

图 9-8

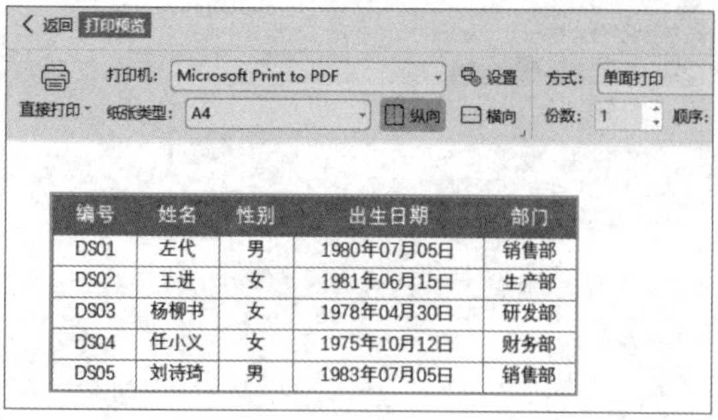

图 9-9

知识点拨

为选择的区域设置打印区域后，在"名称框"中会出现"Print_Area"字样，如果用户想要取消打印区域，在"打印区域"列表中选择"取消打印区域"选项即可。

9.2.2 缩放打印

缩放打印是按指定缩放比例打印内容。单击"打印预览"按钮，进入"打印预览"界面后，系统默认按照"无打印缩放"即缩放比例为"100%"进行打印，如图9-10所示。单击"无打印缩放"下拉按钮，在弹出的列表中可以设置"将整个工作表打印在一页""将所有列打印在一页""将所有行打印在一页"，也可以自定义缩放比例，如图9-11所示。

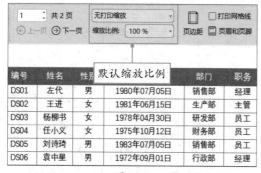

图 9-10

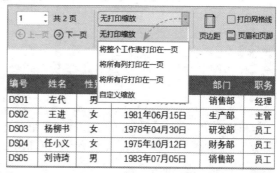

图 9-11

9.2.3 每页都打印标题或表头

将报表打印成多页时，除了第一页有标题或表头外，其他页都没有标题或表头。为了方便查看对应的数据，用户可以设置每页都打印标题或表头。打开"页面布局"选项卡，单击"打印标题或表头"按钮，打开"页面设置"对话框，在"工作表"选项卡中单击"顶端标题行"右侧的折叠按钮，如图9-12所示。返回表格，单击选中标题行，如图9-13所示。再次单击"页面设置"中的折叠按钮，返回对话框，单击"确定"按钮，设置好后，进入打印预览界面，即可看到每一页顶部都加上了标题。

图 9-12

知识点拨

在"页面设置"对话框中，用户还可以直接单击"打印预览"按钮进入打印预览界面，查看打印效果。

图 9-13

9.2.4 打印页眉页脚

页眉和页脚是指打印在每张页面顶部和底部的固定文字或图片。用户可以为工作表打印页眉和页脚。

1.打印页眉

在"页面布局"选项卡中单击"打印页眉和页脚"按钮，打开"页面设置"对话框，在"页眉/页脚"选项卡中单击"页眉"下拉按钮，在弹出的列表中可以选择内置的页眉样式，如图9-14所示。

此外，如果列表中没有需要的页眉样式，则可以单击"自定义页眉"按钮，打开"页眉"对话框，如图9-15所示。用户可以在"左""中""右"3个文本框中设置页眉的样式，相应的内容会显示在纸张页面顶部的左端、中间和右端。

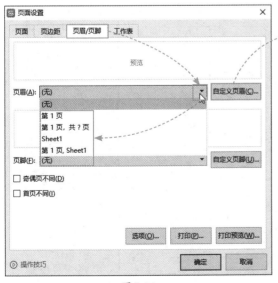

图 9-14

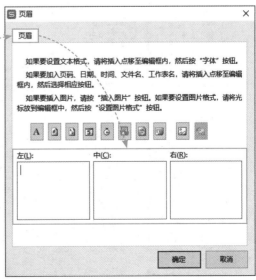

图 9-15

2. 打印页脚

在"页眉/页脚"选项卡中单击"页脚"下拉按钮，在弹出的列表中选择内置的页脚样式即可，或者单击"自定义页脚"按钮，在打开的"页脚"对话框中自定义页脚样式。

此外，单击窗口左上方的"打印预览"按钮，进入打印预览界面，在该界面中单击"页眉和页脚"按钮，如图9-16所示，也可以选择设置页眉和页脚的样式。

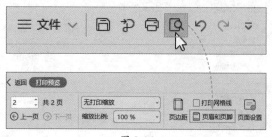

图 9-16

9.2.5 分页打印

当需要打印的表格过宽时，一些列的内容会被打印到另一页纸上。用户可以通过"分页预览"将表格的所有列打印在一页纸上。打开"页面布局"选项卡，启用"分页预览"功能，进入分页预览视图，如图9-17所示。

表格中蓝色的粗虚线为"自动分页符"，是系统根据打印区域和页面范围自动设置的分页标志。在虚线左侧的表格区域中，背景上的灰色水印显示为"第1页"，表示这块区域内容将被打印在第1页纸上。而虚线右侧的表格区域显示为"第2页"，表示这块区域内容将被打印在第2页纸上。

将光标放在分页符上，当光标变为双向箭头时，按住鼠标左键不放并向右拖动光标至蓝色实线上，表格的所有列将显示打印在"第1页"纸上。

此外，用户也可以通过移动分页符来调整打印输出时纸张页面的分布情况。关闭"分页预览"按钮，即可恢复到普通视图。

编号	姓名	性别	出生日期	部门	职务	学历	联系方式	地址	基本工资
DS01	左代	男	1980年07月05日	销售部	经理	硕士	130****4021	吉林长春	5200
DS02	王进	女	1981年06月15日	生产部	主管	本科	131****4022	新疆库尔勒	4500
DS03	杨槑书	女	1978年04月30日	研发部	员工	硕士	132****4023	江苏南京	4000
DS04	任小义	女	1975年10月12日	财务部	员工	专科	133****4024	江苏徐州	3500
DS05	刘诗琦	男	1983年07月05日	销售部	员工	本科	134****4025	江苏常州	3900
DS06	袁中星	男	1972年09月01日	行政部	经理	本科	135****4026	江苏南通	4000
DS07	邢小勤	男	1968年09月18日	研发部	员工	本科	136****4027	江苏苏州	4000
DS08	代敏浩	男	1980年07月09日	生产部	员工	专科	137****4028	江苏镇江	3200
DS09	陈晓龙	男	1986年10月10日	财务部	经理	本科	138****4029	四川成都	5500
DS10	杜春梅	女	1972年06月15日	行政部	员工	专科	130****4030	四川绵阳	3000
DS11	童弦韵	男	1982年04月29日	财务部	员工	本科	131****4031	四川乐山	3500
DS12	白丽	女	1982年04月30日	销售部	主管	本科	132****4032	湖南长沙	4800
DS13	陈娟	女	1982年05月01日	行政部	员工	本科	133****4033	湖南岳阳	3000
DS14	杨丽	女	1982年05月02日	研发部	员工	本科	134****4034	湖南常德	4000
DS15	邓华	男	1982年05月03日	销售部	经理	博士	189****4035	湖南张家界	4700
DS16	陈玲玉	女	1982年05月04日	生产部	员工	专科	159****4036	广东深圳	3200
DS17	李娜	女	1992年07月01日	财务部	主管	硕士	149****4037	广东珠海	5000
DS18	周涛	男	1993年10月02日	研发部	员工	本科	129****4038	广东佛山	4000
DS19	张记	男	1987年06月02日	生产部	员工	专科	179****4039	浙江杭州	3200
DS20	张芳	女	1988年04月12日	销售部	员工	专科	189****4040	浙江宁波	3900
DS21	段林	男	1989年05月10日	销售部	员工	专科	159****4041	浙江温州	3900
DS22	张兰	女	1991年06月21日	财务部	员工	本科	179****4042	湖北武汉	3500
DS23	黄文	男	1994年06月01日	研发部	主管	博士	160****4043	湖北黄石	6000
DS24	李小虎	男	1992年10月01日	行政部	员工	本科	181****4044	河北石家庄	3000
DS25	李烨	男	1995年03月21日	生产部	经理	硕士	135****4045	河北唐山	4600
DS26	李芳	女	1991年09月20日	财务部	员工	本科	167****4046	河北秦皇岛	3500
DS27	刘华	男	1989年02月12日	研发部	员工	本科	150****4047	黑龙江哈尔滨	4000
DS28	张宇	男	1985年03月23日	销售部	员工	专科	157****4048	黑龙江大庆	3900
DS29	赵玉	男	1982年04月05日	行政部	主管	硕士	158****4049	北京	3500

图 9-17

在分页预览视图下，右击表格区域，在弹出的快捷菜单中选择"插入分页符"命令，可以在任意位置插入新的分页符。也可以重置所有分页符。

9.2.6 设置打印选项

在进行打印之前，用户还需要对打印的纸张类型、纸张方向、打印方式、打印份数、打印顺序等进行设置。进入"打印预览"界面后，在界面的上方即可进行相关设置，如图9-18所示。设置好后单击"直接打印"按钮进行打印。

图 9-18

此外用户也可以调整打印页面的页边距。在"打印预览"界面中单击"页边距"按钮，打印页面的周围出现黑色方块，将光标放在黑色方块上，按住鼠标左键不放并拖动光标，可以调整打印页面的左边距、右边距、上边距、下边距、页眉位置、页脚位置以及表格的列宽，如图9-19所示。

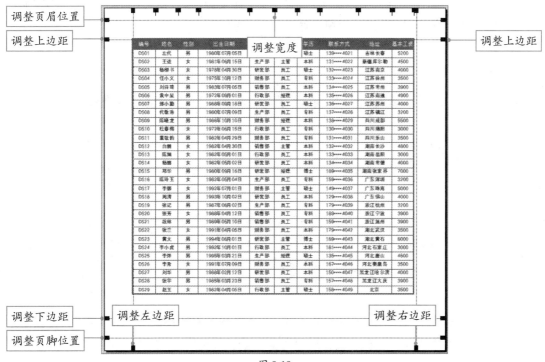

图 9-19

动手练 打印网格线

当用户对表格进行打印时，发现没有为表格添加边框，如图9-20所示。打印出来影响阅读，此时用户无须重新为表格设置边框，只要将网格线打印出来即可，如图9-21所示。

编号	姓名	性别	身份证号码	出生日期	学历	参加工作时间	职务	工龄
1	陆欢	男	370811199302162501	1993-02-16	硕士	2017/6/25	员工	2
2	周瑜	男	370811189010212501	1890-10-21	本科	2013/4/26	主管	6
3	赵倩	女	370811199204302501	1992-04-30	本科	2015/5/27	员工	5
4	刘猛	男	370811199102182501	1991-02-18	本科	2014/7/28	员工	4
5	孙伟	男	370811187903122501	1879-03-12	硕士	2012/6/29	副主管	8
6	周青	女	370811189911262501	1899-11-26	本科	2014/6/30	员工	5
7	李明	男	370811199607152501	1996-07-15	本科	2011/7/10	员工	6
8	刘雯	女	370811199409182501	1994-09-18	本科	2017/7/21	员工	3
9	王晓	女	370811188709192501	1887-09-19	本科	2012/4/30	员工	5
10	吴乐	男	370811189802282501	1898-02-28	专科	2010/3/12	员工	6
11	郑宇	男	370811199304282501	1993-04-28	本科	2016/7/13	员工	3
12	王波	男	370811187910192501	1879-10-19	本科	1992/6/23	员工	4
13	孙俪	女	370811199408192501	1994-08-19	专科	2013/7/14	员工	5
14	朱毅	男	370811187706222501	1877-06-22	本科	1993/3/28	主管	7

图 9-20　　　　　　　　　　　　　　　　图 9-21

在"打印预览"界面中，直接勾选"打印网格线"复选框，即可将网格线打印出来，如图9-22所示。或者单击"页面设置"按钮，打开"页面设置"对话框，在"工作表"选项卡中勾选"网格线"复选框。

图 9-22

案例实战：打印公司预算表

一般情况下，制作公司预算表对每月的支出项目金额做出预算，以便更充分地利用资金，下面就利用本章所学知识点打印公司预算表，如图9-23所示。

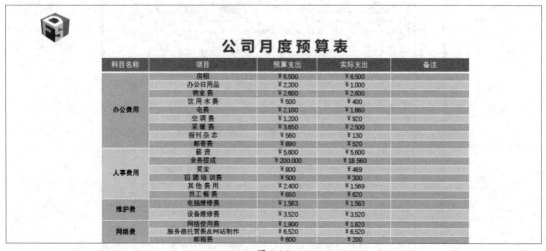

图 9-23

Step 01 打印在一页。在"页面布局"选项卡中单击"打印预览"按钮，进入打印预览界面，单击"打印缩放"下拉按钮，在弹出的列表中选择"将整个工作表打印在一页"选项，如图9-24所示。

Step 02 设置居中打印。在"打印预览"界面中单击"页面设置"按钮，打开"页面设置"对话框，打开"页边距"选项卡，在"居中方式"选项中勾选"水平"和"垂直"复选框，单击"确定"按钮，如图9-25所示。

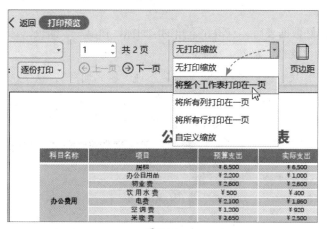

图 9-24

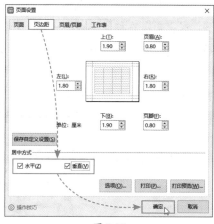

图 9-25

Step 03 打印公司Logo。在"打印预览"界面中单击"页眉和页脚"按钮，打开"页面设置"对话框，在"页眉/页脚"选项卡中单击"自定义页眉"按钮，打开"页眉"对话框，将光标插入到"左"文本框中，单击上方的"插入图片"按钮，打开"打开"对话框，从中选择Logo图片，单击"打开"按钮，将图片插入到"左"文本框中，如图9-26所示。接着单击"设置图片格式"按钮，打开"设置图片格式"对话框，在"大小"选项卡中设置图片的"高度"和"宽度"，如图9-27所示。单击"确定"按钮后即可在打印页面的页眉处添加一个公司Logo。

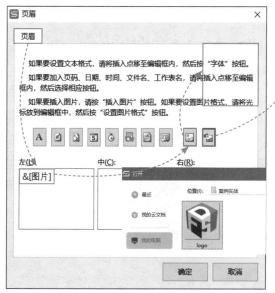

图 9-26

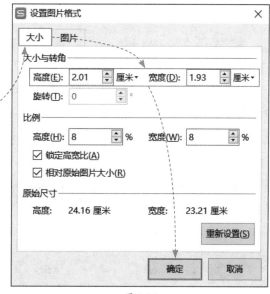

图 9-27

Step 04 直接打印。在"打印预览"界面中设置好纸张方向、打印方式、打印份数等，然后单击"直接打印"按钮打印即可。打印完成后单击"关闭"按钮退出打印预览界面。

前面介绍了使用移动端WPS Office输入并分析表格数据，然后美化数据表，下面详细介绍通过手机加密和分享数据表。

Step 01 在移动端WPS Office中制作好数据表后，点击左下角的▦图标，弹出一个面板，选择"文件"选项卡，然后选择"加密文档"选项，如图9-28所示。

Step 02 弹出一个"加密文档"面板，从中可以选择"账号加密"或"密码加密"，这里选择"密码加密"，弹出一个"添加密码"面板，在其中输入密码和确认密码，点击"确定"按钮，如图9-29所示，即可为数据表设置密码，只有输入密码才能打开数据表。

图 9-28

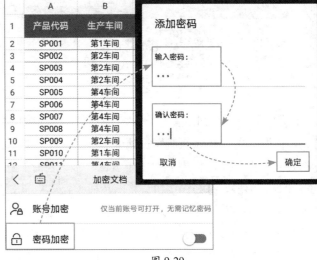

图 9-29

Step 03 点击表格上方的"保存"按钮进行保存，在"文件"选项卡中选择"分享与发送"右侧的图标，这里选择QQ图标，如图9-30所示。

Step 04 弹出一个"发送到QQ"面板，选择"分享给好友"选项，登录账号后即可分享数据表，如图9-31所示。

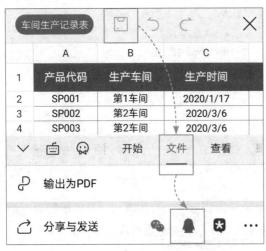

图 9-30

图 9-31

WPS 演示应用篇

第10章
WPS 演示基础操作

在进行员工培训、公司会议或演讲时，经常会用到演示文稿，将用户要表达的信息以图文并茂的形式展示。在使用WPS制作演示文稿之前，用户首先要熟悉其相关操作。本章将对演示文稿的基本操作、幻灯片的基本操作、文本框和艺术字的应用等进行全面介绍。

在制作演示文稿之前，用户首先要掌握创建演示文稿、保存演示文稿、设置视图模式等一些基本操作。

10.1.1 创建演示文稿

在WPS演示中，用户不仅可以创建空白演示文稿，还可以创建模板演示文稿。

1. 创建空白演示文稿

启动WPS软件，在"首页"界面中单击"新建"按钮，如图10-1所示。打开"新建"界面，在上方选择"演示"选项，选择"新建空白文档"选项，可以新建以"白色""灰色渐变"和"黑色"为背景色的空白演示文稿，如图10-2所示。

图 10-1   图 10-2

2. 创建模板演示文稿

在"新建"界面中，用户可以在"品类专区"选择需要的PPT类型，如果用户想要创建免费的模板演示文稿，则可以选择"免费专区"选项，并从其级联菜单中选择需要的模板类型，如图10-3所示。在弹出的界面中选择模板演示文稿，单击"免费使用"按钮，如图10-4所示。登录账号后即可免费下载使用。

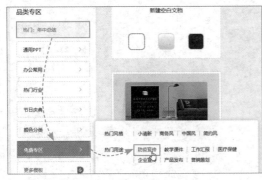

图 10-3   图 10-4

10.1.2 保存演示文稿

创建一个演示文稿后，用户需要先将其保存，然后再进行相关编辑操作。单击"文件"按钮，在弹出的面板中选择"保存"选项，如图10-5所示。打开"另存为"对话框，设置保存位置、文件名和文件类型，单击"保存"按钮，如图10-6所示，即可保存演示文稿。

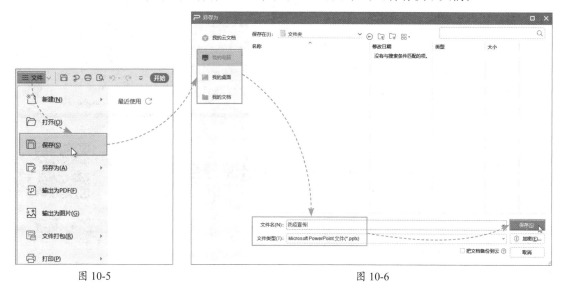

图 10-5　　　　　　　　　　　　　　　　　　　　　　图 10-6

保存过演示文稿后，当用户在幻灯片中进行编辑操作时，需要单击"保存"按钮，或使用【Ctrl+S】组合键及时保存内容。

10.1.3　设置视图模式

在演示文稿中分别有3种视图模式：普通视图、幻灯片浏览视图和阅读视图。

1. 普通视图

在普通视图下，将光标移至编辑区上方，滑动鼠标滚轮即可对幻灯片的内容进行查看，该视图为默认的视图模式。

2. 幻灯片浏览视图

在"视图"选项卡中单击"幻灯片浏览"按钮，或者在状态栏中单击"幻灯片浏览"按钮，即可切换至幻灯片浏览视图模式，在该视图下可以对演示文稿中的所有幻灯片进行查看或重新排列，如图10-7所示。

3. 阅读视图

在"视图"选项卡中单击"阅读视图"按钮，即可切换至阅读视图模式，用户可以查看幻灯片中的动画和切换效果，无须切换到全屏幻灯片放映，如图10-8所示。

知识点拨

当演示文稿处于幻灯片浏览视图模式或阅读视图模式时，如果想要恢复到默认的视图模式，则可在状态栏中单击"普通视图"按钮，即可恢复到普通视图模式。

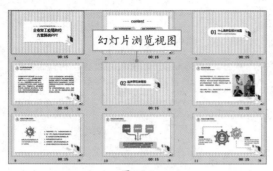

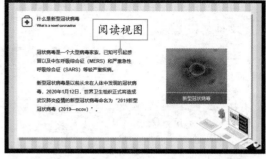

图 10-7　　　　　　　　　　　　　　　　　　　　　图 10-8

扫码看视频

动手练 将演示文稿保存为PowerPoint兼容格式

为了使演示文稿可以在WPS Office其他版本中打开，用户需要将演示文稿保存为兼容格式，如图10-9所示。

单击"文件"按钮，在弹出的面板中选择"另存为"选项，并从其级联菜单中选择"PowerPoint 97-2003文件"选项，打开"另存为"对话框，设置好保存位置后单击"保存"按钮，即可将演示文稿保存为兼容格式，兼容格式的演示文稿后缀为（.ppt）。

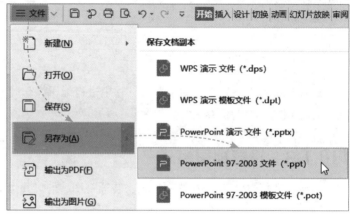

图 10-9

🇸 10.2 幻灯片基本操作

本节讲解幻灯片的一些基本操作技巧，例如，新建和删除幻灯片、移动与复制幻灯片、在幻灯片中输入文本等。

10.2.1　新建和删除幻灯片

如果演示文稿的页数较少，则用户可以根据需要新建幻灯片，反之，对不需要的幻灯片则可以将其删除。

1. 新建幻灯片

选择一张幻灯片，在"开始"选项卡中单击"新建幻灯片"下拉按钮，从展开的面板中选择一种合适的版式，单击"立即使用"按钮，如图10-10所示，即可新建一张幻灯片。

此外，选择幻灯片，右击，在弹出的快捷菜单中选择"新建幻灯片"命令，如图10-11所示，可以新建一个与所选幻灯片相同版式的幻灯片。

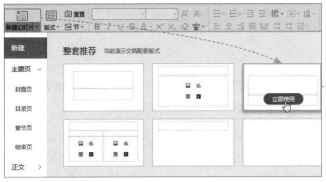

图 10-10　　　　　　　　　　　　　　　　图 10-11

2. 删除幻灯片

　　选择一张幻灯片，右击，在弹出的快捷菜单中选择"删除幻灯片"命令，如图10-12所示，即可将所选幻灯片删除。

　　此外，用户还可以通过快捷键删除幻灯片，选中需要删除的幻灯片，直接在键盘上按【Delete】键，即可将所选幻灯片删除。

图 10-12

知识点拨

　　选择幻灯片后，直接在键盘上按【Enter】键，可在所选幻灯片下方插入一张新的幻灯片。

10.2.2　移动与复制幻灯片

　　如果用户需要对幻灯片的位置进行调整，则可以移动幻灯片。如果需要制作内容相似的幻灯片，则可以将幻灯片进行复制。

1. 移动幻灯片

　　选择幻灯片，然后按住鼠标左键不放，将其拖动至合适的位置，如图10-13所示。释放鼠标左键完成幻灯片的移动，如图10-14所示。

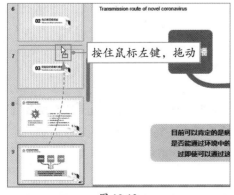

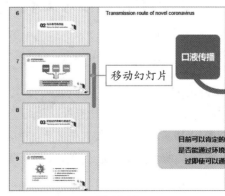

图 10-13　　　　　　　　　　　　　　　　图 10-14

第10章　WPS演示基础操作

此外，用户还可以使用【Ctrl+X】组合键剪切幻灯片，将光标插入需要移动到的位置，然后使用【Ctrl+V】组合键粘贴幻灯片。

2. 复制幻灯片

选择幻灯片，在"开始"选项卡中单击"复制"按钮，如图10-15所示。在需要粘贴的位置插入光标，然后单击"粘贴"按钮，如图10-16所示，即可复制所选幻灯片。

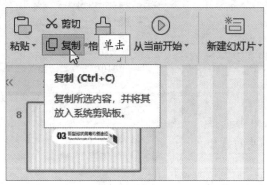

图 10-15

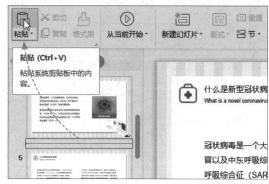

图 10-16

此外，选择需要复制的幻灯片，右击，在弹出的快捷菜单中选择"新建幻灯片副本"命令，如图10-17所示，即可在所选幻灯片的下方复制一张与此幻灯片格式和内容相同的幻灯片。

图 10-17

知识点拨

用户还可以使用【Ctrl+C】组合键复制幻灯片，然后使用【Ctrl+V】组合键在同一演示文稿内或不同演示文稿之间进行粘贴。

10.2.3 在幻灯片中输入文本

在任何一个演示文稿中，文本内容都是不可或缺的，用户可以通过使用占位符输入文本或使用文本框输入文本。

1. 使用占位符输入文本

新建的演示文稿，在幻灯片中可以看到"单击此处添加标题""单击此处添加副标题"的虚线框，如图10-18所示，即为文本占位符。在虚线框中单击，将光标插入到虚线框中，输入文本内容，如图10-19所示。输入完成后，在虚线框外单击即可完成输入。

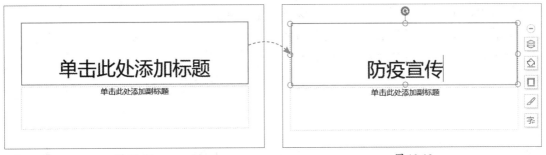

图 10-18   图 10-19

2. 使用文本框输入文本

选择一张空白幻灯片，在"插入"选项卡中单击"文本框"下拉按钮，在弹出的列表中选择"横向文本框"或"竖向文本框"选项，这里选择"横向文本框"选项，在幻灯片中拖动光标绘制文本框，如图10-20所示。绘制好后，光标自动插入到文本框中，输入相关内容即可，如图10-21所示。

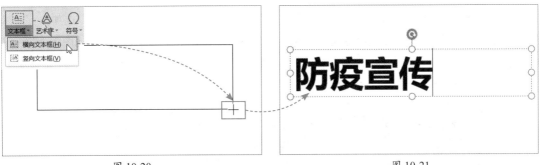

图 10-20   图 10-21

动手练 替换幻灯片中的字体

用户下载一个演示文稿模板后，有时会出现字体缺失的情况，这样可能会导致幻灯片中的文字显示错乱，用户可以在演示文稿中安装缺失的字体或替换为其他字体，如图10-22所示。

在演示文稿的状态栏中单击"缺失字体"按钮，在弹出的列表中选择"替换为其他字体"选项，如图10-23所示。打开"字体替换"对话框，在"幻灯片所缺字体"选项中默认显示缺失的字体，单击"替换字体"下拉按钮，在弹出的列表中选择要替换成的字体，单击"确定"按钮，即可将演示文稿中缺失的字体替换成演示文稿中自带的字体。

此外，在"开始"选项卡中，单击"替换"下拉按钮，在弹出的列表中选择"替换

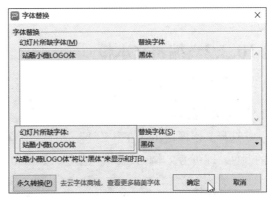

图 10-22

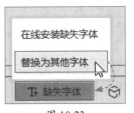

图 10-23

图 10-24

字体"选项,如图10-24所示。打开"替换字体"对话框,设置"替换"和"替换为"的字体,然后单击"替换"按钮即可,如图10-25所示。

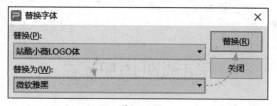

图 10-25

🅢 10.3 文本框的应用

文本框在幻灯片中主要用来输入文本内容,用户可以根据需要插入文本框,并对文本框进行编辑。

▍10.3.1 插入文本框

用户通过绘制横向文本框来输入横排文本,绘制竖向文本框来输入竖排文本。选择幻灯片,在"插入"选项卡中单击"文本框"下拉按钮,在弹出的列表中选择"横向文本框"选项,当光标变为十字形时,按住鼠标左键不放并拖动光标,在幻灯片中绘制一个横排文本框,如图10-26所示。

此外,在"文本框"列表中选择"竖向文本框"选项,可以在幻灯片中绘制一个竖排文本框,如图10-27所示。

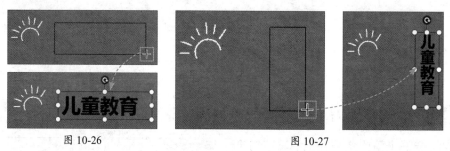

图 10-26　　　　　　　　　　　　　　图 10-27

▍10.3.2 编辑文本框

绘制文本框后,用户可以根据需要设置文本框的填充颜色、轮廓样式和形状效果。

1. 设置填充颜色

选择文本框,在"绘图工具"选项卡中单击"填充"下拉按钮,在弹出的列表中选择合适的颜色,即可为文本框设置填充颜色,如图10-28所示。

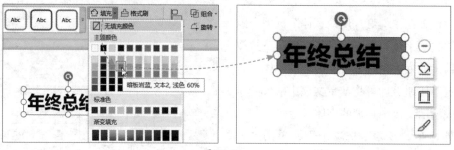

图 10-28

2. 设置轮廓样式

选择文本框，在"绘图工具"选项卡中单击"轮廓"下拉按钮，在弹出的列表中可以设置文本框的轮廓颜色、线型和虚线线型，如图10-29所示。

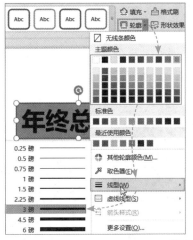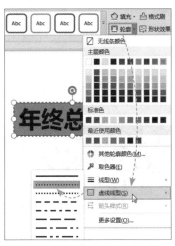

图 10-29

> **知识点拨**
>
> 在"轮廓"列表中选择"无线条颜色"选项，可以删除设置的文本框轮廓样式。

3. 设置形状效果

选择文本框，在"绘图工具"选项卡中单击"形状效果"下拉按钮，在弹出的列表中可以为文本框设置阴影、倒影、发光、柔化边缘、三维旋转效果，如图10-30所示。

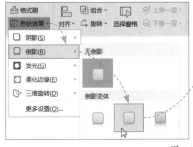

图 10-30

动手练 制作抖音风格字体效果

用户在网上能看到各种酷炫的抖音字体，其实制作这种字体效果并不难，在幻灯片中通过文本框和更改字体颜色可以制作出抖音风格字体效果，如图10-31所示。

扫码看视频

图 10-31

173

在幻灯片中绘制一个横排文本框，输入相关文本内容，并将文本的字体设置为"微软雅黑"，字号设置为"88"，字体颜色设置为"白色"，加粗显示，然后复制两个文本框，并更改文本框中的字体颜色，如图10-32所示。选择绿色字体的文本框，在"绘图工具"选项卡中单击"下移一层"下拉按钮，在弹出的列表中选择"下移一层"选项，如图10-33所示。将绿色字体的文本框移至白色字体文本框的下方。按照同样的方法，将红色字体的文本框移至绿色字体文本框的下方合适位置即可。

图 10-32

图 10-33

S 10.4 艺术字的应用

用户除了可以在文档中插入艺术字外，还可以在幻灯片中插入艺术字，并对艺术字进行相关编辑操作。

10.4.1 插入艺术字

通常在幻灯片中插入艺术字来制作标题。选择幻灯片，在"插入"选项卡中单击"艺术字"下拉按钮，在弹出的列表中选择需要的艺术字样式，如图10-34所示。随即在幻灯片中插入一个艺术字文本框，输入文本内容即可，如图10-35所示。

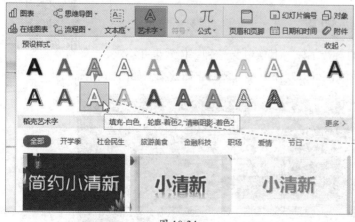

图 10-34

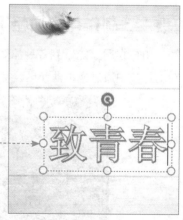

图 10-35

▍10.4.2 编辑艺术字

在幻灯片中插入艺术字后，用户可以更改艺术字的字体、字号、文本填充颜色、文本轮廓颜色、文本效果等。

1. 更改字体、字号

选择艺术字，在"文本工具"选项卡中可以更改艺术字的字体和字号，如图10-36所示，或在"开始"选项卡中更改字体、字号。

图 10-36

2. 更改文本填充颜色

选择艺术字，在"文本工具"选项卡中单击"文本填充"下拉按钮，在弹出的列表中选择合适的填充颜色，即可更改艺术字的填充颜色，如图10-37所示。

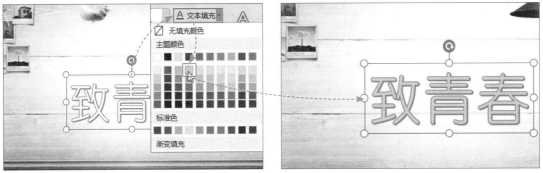

图 10-37

3. 更改文本轮廓颜色

选择艺术字，在"文本工具"选项卡中单击"文本轮廓"下拉按钮，在弹出的列表中选择合适的轮廓颜色，即可更改艺术字的轮廓颜色，如图10-38所示。

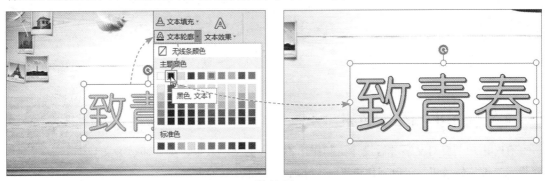

图 10-38

如果在"文本轮廓"列表中没有需要的颜色，可以选择"其他轮廓颜色"选项，在打开的"颜色"对话框中自定义颜色。

4. 更改文本效果

选择艺术字，在"文本工具"选项卡中单击"文本效果"下拉按钮，在弹出的列表中可以选择阴影、倒影、发光、三维旋转、转换等选项，即可更改艺术字的效果，如图10-39所示。

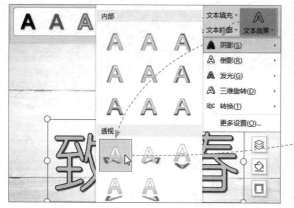

图 10-39

此外，在"文本效果"列表中选择"更多设置"选项，打开"对象属性"窗格，在"效果"选项卡中可以对阴影、倒影、发光等效果进行更详细的设置，如图10-40所示。

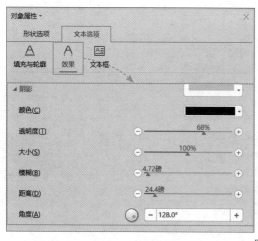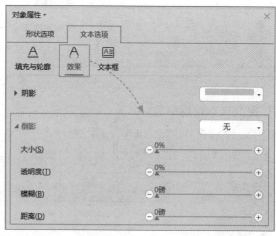

图 10-40

动手练 制作平躺文字效果

有时用户需要对文字进行设计，制作出不一样的文字效果，用户通过为文字设置三维旋转效果，可以制作出平躺文字效果，如图10-41所示。

WPS Office办公软件应用标准教程（实战微课版）

扫码看视频

图 10-41

在幻灯片中插入一个文本框，输入文本内容，并将文本的字体设置为"微软雅黑"，字号设置为"80"，加粗显示，如图10-42所示。接着打开"文本工具"选项卡，单击"文本效果"下拉按钮，在弹出的列表中选择"更多设置"选项，打开"对象属性"窗格，在"效果"选项卡中选择"三维旋转"选项，单击"预设"下拉按钮，在弹出的列表中选择"上透视"选项，然后将"Y旋转"设置为"300"，"透视"设置为"120"，如图10-43所示。

打开"填充与轮廓"选项卡，在"文本填充"选项中选中"图片或纹理填充"单选按钮，单击"纹理填充"下拉按钮，在弹出的列表中选择"有色纸2"选项，为文本设置纹理填充效果。

图 10-42

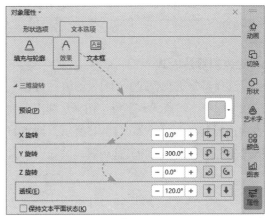

图 10-43

10.5 设置版式与背景

在设计演示文稿时，可以通过设计幻灯片的版式和背景等操作来保持所有的幻灯片风格外观一致，以增加演示文稿的实用性与美观性。

10.5.1　设置幻灯片版式

幻灯片的布局格式也称为幻灯片版式，在演示文稿中用户可以新建幻灯片版式，也可以更改幻灯片版式。

1. 新建幻灯片版式

WPS演示为用户提供了"标题和内容""比较""内容与标题""图片与标题"等11种幻灯片版式。用户只需要在"开始"选项卡中单击"新建幻灯片"下拉按钮，在弹出的列表中选择需要的版式，如图10-44所示，即可创建新版式的幻灯片。

　　标题幻灯片版式包含标题占位符和副标题占位符。标题和内容版式包含标题占位符和正文占位符。节标题版式包含文本占位符和标题占位符。两栏内容版式包含标题占位符和两个正文占位符。比较版式包含标题占位符、两个文本占位符和两个正文占位符。仅标题版式仅包含标题占位符。空白版式为空白幻灯片。内容与标题版式包含标题占位符、文本占位符和正文占位符。图片与标题版式包含图片占位符、标题占位符和文本占位符。标题和竖排文字版式包含标题占位符和竖排文本占位符。垂直排列标题与文本版式包含竖排标题占位符和竖排文本占位符。

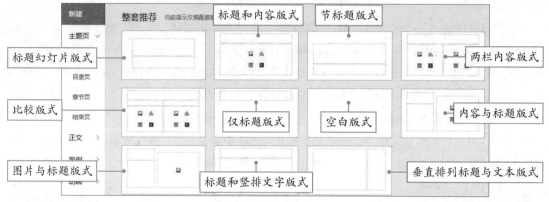

图 10-44

2.更改幻灯片版式

　　选择需要更改版式的幻灯片，在"开始"选项卡中单击"版式"下拉按钮，从弹出的列表中选择其他版式，如图10-45所示，即可将所选幻灯片版式更改为其他版式。

图 10-45

注意事项　通过"版式"命令应用版式，是直接在所选幻灯片中更改其版式。

10.5.2　设置幻灯片背景

　　新建一张幻灯片后，用户可以为幻灯片设置纯色背景、渐变色背景、图片或纹理填充背景、图案背景等。

1.设置纯色背景

　　选择幻灯片，在"设计"选项卡中单击"背景"下拉按钮，在弹出的列表中选择"背景"选项，如图10-46所示。打开"对象属性"窗格，在"填充"选项卡中选中"纯色填充"单选按钮，单击"颜色"下拉按钮，在弹出的列表中选择合适的颜色，如图10-47所示，即可为幻灯片设置纯色背景颜色，如图10-48所示。

图 10-46

如果用户在"背景"列表中选择"背景另存为图片"选项，则可以将幻灯片的背景保存为图片。

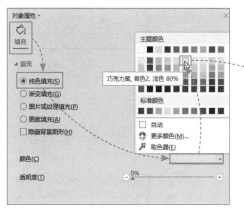

图 10-47

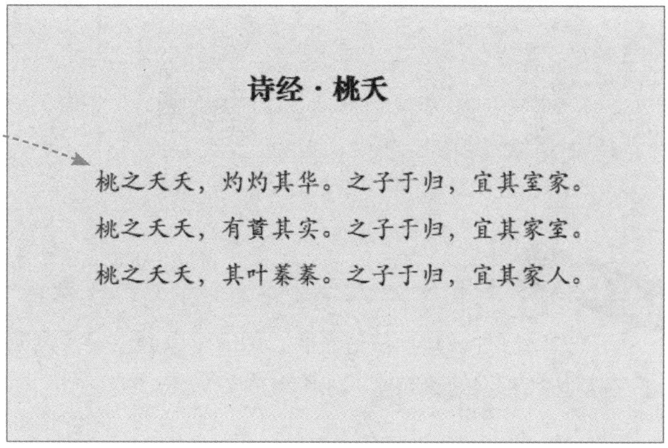

图 10-48

2. 设置渐变色背景

选择幻灯片，打开"对象属性"窗格，在"填充"选项中选中"渐变填充"单选按钮，然后在下方的色标上设置各停止点的位置和颜色，如图10-49所示，即可为幻灯片设置渐变色背景，如图10-50所示。

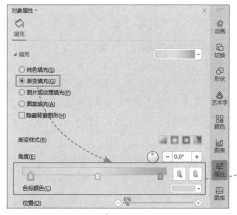

图 10-49

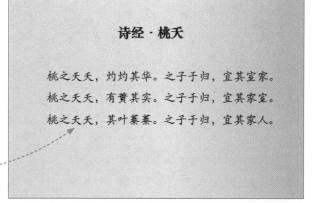

图 10-50

3. 设置图片或纹理背景

选择幻灯片，打开"对象属性"窗格，在"填充"选项中选中"图片或纹理填充"单选按钮，单击"图片填充"下拉按钮，在弹出的列表中选择"本地文件"选项，如图10-51所示。打开"选择纹理"对话框，从中选择合适的图片，单击"打开"按钮，即可为幻灯片设置图片背景，如图10-52所示。

此外，单击"纹理填充"下拉按钮，在弹出的列表中选择合适的纹理样式，可以为幻灯片设置纹理背景。

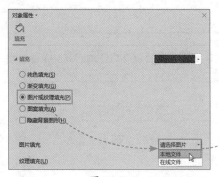

图 10-51

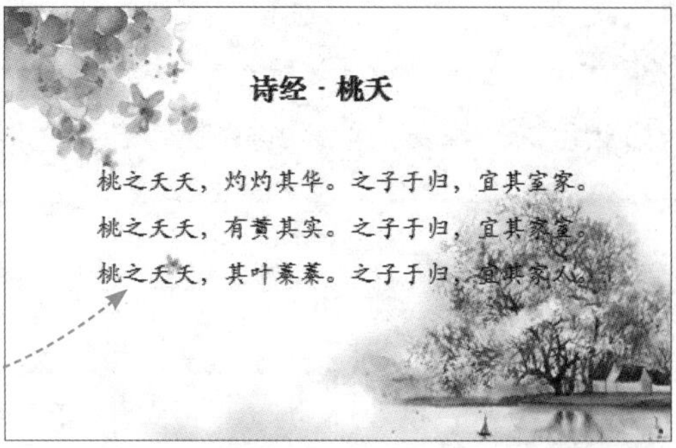

图 10-52

为幻灯片设置图片背景后，用户可以通过设置透明度值来调整图片背景的透明度，如图10-53所示。

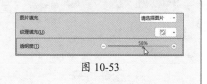

图 10-53

4. 设置图案背景

选择幻灯片，打开"对象属性"窗格，在"填充"选项中选中"图案填充"单选按钮，在下方的列表中选择合适的图案样式，然后设置图案的前景颜色和背景颜色，如图10-54所示，即可为幻灯片设置图案背景，如图10-55所示。

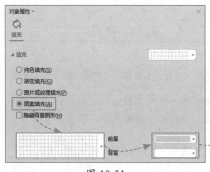

图 10-54

图 10-55

动手练 使用蒙版制作图片背景

扫码看视频

如果用户为幻灯片设置的图片背景太花哨可能会影响阅读，如图10-56所示。可以为图片添加蒙版，起到淡化图片的作用，如图10-57所示。

图 10-56

图 10-57

选择幻灯片，打开"插入"选项卡，单击"形状"下拉按钮，在弹出的列表中选择"矩形"选项，绘制一个和幻灯片相同大小的矩形，在矩形上右击，在弹出的快捷菜单中选择"设置对象格式"命令，打开"对象属性"窗格，在"填充"选项中选中"纯色填充"单选按钮，将"颜色"设置为白色，并将"透明度"设置为"30%"，如图10-58和图10-59所示。

接着选择"线条"选项，并选中"无线条"单选按钮，即可将矩形制作成半透明的蒙版，最后输入相关内容。

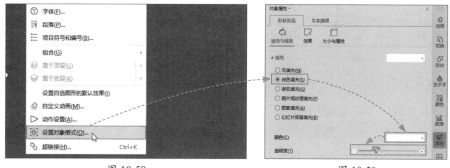

图 10-58   图 10-59

S 10.6 设置母版

对幻灯片的母版进行设计，可以快速统一幻灯片的风格，提高制作演示文稿的效率。在设置母版之前，用户需要了解母版的功能。

10.6.1　了解母版

用户在"视图"选项卡中单击"幻灯片母版"按钮，即可进入母版视图。在左侧预览窗格中可以看到母版页和版式页，如

图 10-60

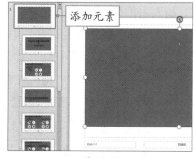

图 10-61

图10-60所示。母版页仅为第一张幻灯片，剩余的所有幻灯片都称为版式页。

在母版页中添加某些元素后，该元素会应用到其他版式页中，如图10-61所示。而在版式页中添加元素后，该元素仅用于当前页，其他版式页均不受影响。

10.6.2　设置幻灯片母版

在幻灯片母版中用户可以根据需要插入母版、插入版式、插入占位符等。

1.插入母版

一份演示文稿，可以继承多个幻灯片母版。在"视图"选项卡中单击"幻灯片母版"按

钮，进入幻灯片母版视图。然后单击"插入母版"按钮，如图10-62所示，即可在母版视图中插入一个新幻灯片母版，如图10-63所示。

<table>
<tr><td>图 10-62</td><td>图 10-63</td></tr>
</table>

2. 插入版式

在幻灯片母版中，系统为用户准备了11个幻灯片版式，当母版中的版式无法满足用户需求时，可以选择幻灯片，单击"插入版式"按钮，如图10-64所示，即可在选择的幻灯片下方插入一个包含标题样式的幻灯片版式，如图10-65所示。

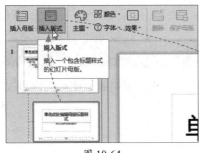

<table>
<tr><td>图 10-64</td><td>图 10-65</td></tr>
</table>

3. 插入占位符

用户可以删除母版幻灯片中的所有占位符，然后按照需要插入占位符。选择第一张幻灯片，单击"母版版式"按钮，如图10-66所示。打开"母版版式"对话框，从中勾选需要的占位符，单击"确定"按钮，即可在母版幻灯片中插入占位符，如图10-67所示。

<table>
<tr><td>图 10-66</td><td>图 10-67</td></tr>
</table>

知识点拨

在幻灯片母版中，用户可以删除除了标题幻灯片版式之外的所有幻灯片版式，只需要选择版式，按【Delete】键或单击"删除"按钮即可。

10.6.3 设置讲义母版

讲义母版定义了演示文稿用作打印讲义时的格式，用户可以自由设置讲义母版的布局。在“视图”选项卡中单击“讲义母版”按钮进入讲义母版视图。单击“讲义方向”下拉按钮，在弹出的列表中可以根据需要选择方向，如图10-68所示。

单击“幻灯片大小”下拉按钮，通过弹出的列表中的命令设置讲义的大小，如图10-69所示。

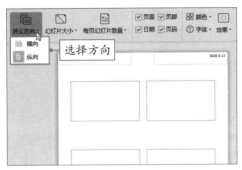

图 10-68

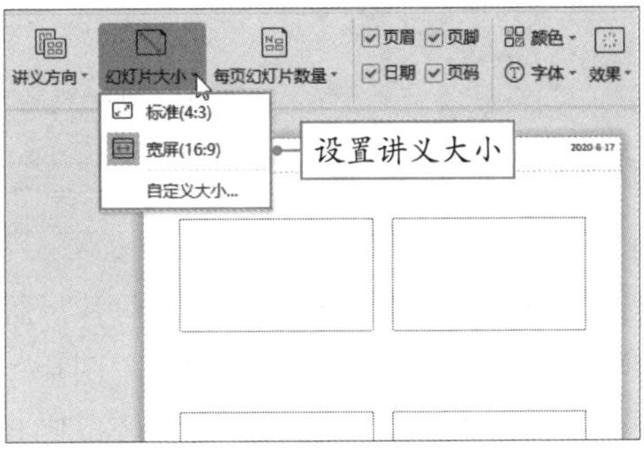

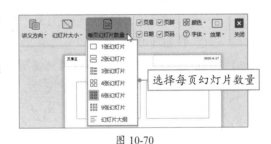

图 10-69

此外，单击“每页幻灯片数量”下拉按钮，在弹出的列表中选择讲义每页显示幻灯片的数量，如图10-70所示。设置完成后单击“关闭”按钮，退出讲义母版视图模式即可。

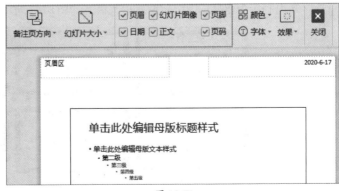

图 10-70

知识点拨

在讲义母版视图中勾选“页眉”“页脚”“日期”“页码”复选框，即可在打印的讲义中包含这些元素。

10.6.4 设置备注母版

备注母版定义了演示文稿与备注一起打印时的外观，用户可以根据需要对其进行设置。

在“视图”选项卡中单击“备注母版”按钮进入备注母版视图，如图10-71所示。在该视图中用户可以设置备注页方向、幻灯片大小等，设置完成后单击“关闭”按钮，退出备注母版视图模式即可。

图 10-71

动手练 **在幻灯片中批量添加Logo图片**

制作好演示文稿后，如果用户需要为除封面外的幻灯片添加Logo图片，则可以在幻灯片母版中操作，如图10-72所示。

图 10-72

打开"视图"选项卡，单击"幻灯片母版"按钮进入母版视图，在预览窗格中选择第一张幻灯片，打开"插入"选项卡，单击"图片"下拉按钮，在弹出的列表中选择"本地图片"选项，打开"插入图片"对话框，选择Logo图片，将其插入到母版幻灯片中，并调整图片的大小和位置，如图10-73所示。接着选择标题幻灯片版式，打开"幻灯片母版"选项卡，单击"背景"按钮，在打开的窗格中勾选"隐藏背景图形"复选框，隐藏Logo图片，如图10-74所示。最后单击"关闭"按钮即可。

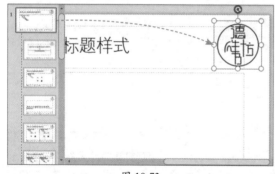

图 10-73

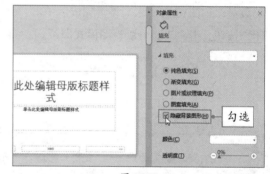

图 10-74

案例实战：制作企业复工疫情防控演示文稿

在疫情期间企业复工存在一定风险，所以公司需要进行复工疫情防控培训，下面就利用本章所学知识制作企业复工疫情防控演示文稿，如图10-75所示。

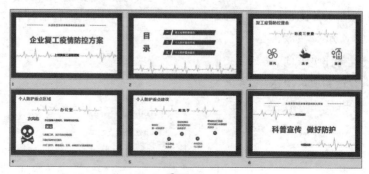

图 10-75

Step 01 设置母版背景。新建一个演示文稿，打开"视图"选项卡，单击"幻灯片母版"按钮进入母版视图，在预览窗格中选择第一张幻灯片，单击"背景"按钮，打开"对象属性"窗格，在"填充"选项中选中"纯色填充"单选按钮，然后设置合适的填充颜色，如图10-76所示。

Step 02 添加矩形。删除母版幻灯片中的所有占位符，打开"插入"选项卡，单击"形状"下拉按钮，在弹出的列表中选择"矩形"选项，在幻灯片中绘制一个矩形，并将矩形的填充颜色设置为白色，将轮廓设置为"无线条颜色"，如图10-77所示。

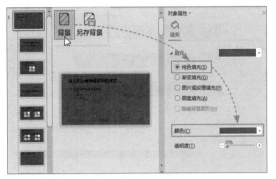

图 10-76

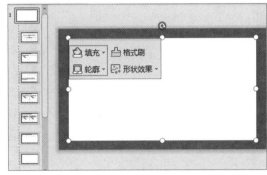

图 10-77

Step 03 制作封面页。在"幻灯片母版"选项卡中单击"关闭"按钮，退出母版视图，然后单击"单击此处添加第一张幻灯片"字样，如图10-78所示。新建一张幻灯片，在幻灯片中输入标题文本，并设置文本的字体格式，如图10-79所示。

图 10-78

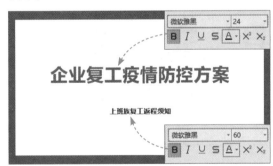

图 10-79

Step 04 接着在"插入"选项卡中单击"图片"按钮，在列表中选择"本地图片"选项，在打开的"插入图片"对话框中选择需要的图片，将其插入到幻灯片中，如图10-80所示。

Step 05 最后在"插入"选项卡中单击"形状"下拉按钮，在弹出的列表中选择"直线"选项，绘制两条直线，然后输入其他文本内容，即可完成幻灯片封面页的制作，如图10-81所示。

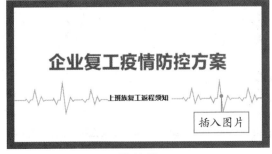

图 10-80

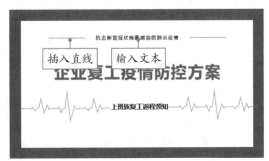

图 10-81

Step 06 制作目录页。新建一张空白幻灯片，在"插入"选项卡中单击"文本框"下拉按钮，在弹出的列表中选择"竖向文本框"选项，绘制一个文本框，输入"目录"文本，并设置文本的字体格式，如图10-82所示。

Step 07 在"插入"选项卡中单击"形状"下拉按钮，在弹出的列表中选择"平行四边形"选项，绘制平行四边形，并设置形状的填充颜色和轮廓，如图10-83所示。

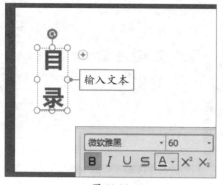

图 10-82

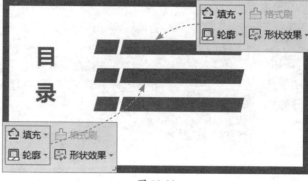

图 10-83

Step 08 绘制文本框，在文本框中输入相关文本内容，并设置文本的字体格式，将文本移至形状的上方，如图10-84所示。最后在幻灯片中插入图片，即可完成目录页的制作，如图10-85所示。

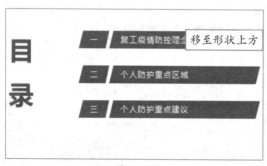

图 10-84

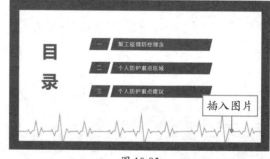

图 10-85

Step 09 制作内容页。按【Enter】键新建一张空白幻灯片，输入相关文本内容，并设置文本的字体格式，如图10-86所示。

Step 10 最后在幻灯片中插入图片和图形，然后将其放置页面合适位置，即可完成"复工疫情防控理念"内容页的制作，如图10-87所示。

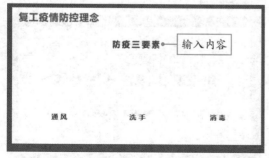

图 10-86

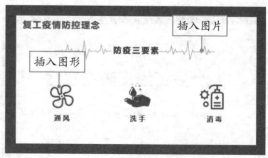

图 10-87

Step 11 新建一张空白幻灯片，在幻灯片中输入相关文本内容，然后设置文本的字体格式，如图10-88所示。

Step 12 最后在幻灯片中插入图片和图形，选择矩形，右击，在弹出的快捷菜单中选择"编辑文字"命令，在矩形中输入"建议"文本，即可完成"个人防护重点区域"内容页的制作，如图10-89所示。

图 10-88

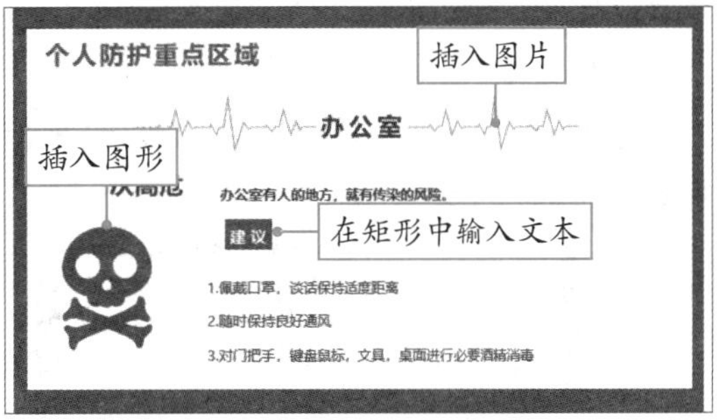

图 10-89

Step 13 再次新建一个空白幻灯片并输入相关文本内容，然后设置文本的字体格式，如图10-90所示。

Step 14 最后在幻灯片中插入图片和图形，并在图形中输入数字，即可完成"个人防护重点建议"内容页的制作，如图10-91所示。

图 10-90

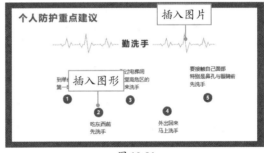

图 10-91

Step 15 制作结尾页。选择第一张幻灯片，使用【Ctrl+C】组合键进行复制，然后将光标插入到最后一张幻灯片下方，使用【Ctrl+V】组合键进行粘贴，修改幻灯片中的文本内容和图片，即可完成结尾页的制作，如图10-92所示。

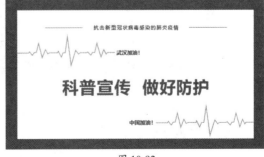

图 10-92

📱 手机办公：修改手机上接收的演示文稿

用户使用移动端WPS Office打开手机上接收的演示文稿，就可以对演示文稿中的内容进行修改，下面介绍详细的操作步骤。

Step 01 使用移动端WPS Office打开演示文稿，点击上方的"编辑"选项进入编辑模式，选择幻灯片中的文本框，点击左下角的▦图标，弹出一个面板，选择"开始"选项卡，可以修改文本框中文本的字体、字号、字体颜色等，如图10-93所示。

Step 02 在面板中选择"文本框"选项卡，可以设置文本框的填充颜色、边框颜色、边框样式等，如图10-94所示。

图 10-93　　　　　　　　　　　　　　　　图 10-94

Step 03 选择幻灯片中的图片，在面板中选择"图片"选项卡，可以更换图片、删除图片、将图片作为幻灯片的背景等，如图10-95所示。

Step 04 选择幻灯片中的图形，在"形状"选项卡中可以修改形状的填充颜色、边框颜色等，如图10-96所示。

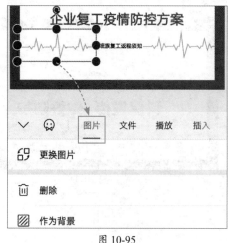

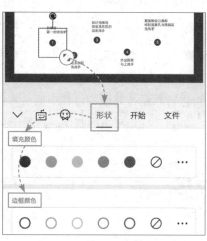

图 10-95　　　　　　　　　　　　　　　　图 10-96

第11章
设计幻灯片元素

　　在幻灯片中可以添加许多元素。例如图片、图形、表格、视频和音频等。元素的使用很讲究，合理地设计并运用这些元素，可以制作出让人惊艳的演示文稿。本章将对图片、形状、表格、音频、视频的设置等进行全面介绍。

S 11.1 图片设置

为幻灯片中的文字配上恰当的图片，能够迅速吸引观看者的注意力。在幻灯片中插入图片后，用户可以对图片进行编辑和美化。

11.1.1 插入图片

在幻灯片中可以插入计算机中的图片，也可以插入手机中的图片，或者将图片一次性插入到多张幻灯片中。

1. 插入本地图片

选择幻灯片，在"插入"选项卡中单击"图片"下拉按钮，在弹出的列表中选择"本地图片"选项，如图11-1所示。打开"插入图片"对话框，从中选择需要的图片，单击"打开"按钮，如图11-2所示，即可将图片插入到幻灯片中。

图 11-1

图 11-2

2. 分页插入图片

在"图片"列表中选择"分页插图"选项，打开"分页插入图片"对话框，从中选择多张图片，单击"打开"按钮，即可将选择的3张图片分别插入到3张幻灯片中，如图11-3所示。

3. 插入手机图片

在"图片"列表中选择"手机传图"选项，弹出"插入手机图片"窗格，使用手机微信扫描二维码，如图11-4所示，连接手机，选择并插入图片。

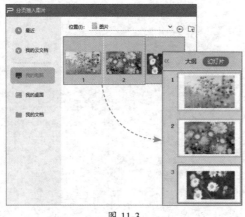
图 11-3

图 11-4

WPS Office办公软件应用标准教程（实战微课版）

在"插入图片"对话框中选择一张图片后，按住【Ctrl】键的同时选择其他图片，可以同时选择多张图片。

11.1.2　编辑图片

在幻灯片中插入图片后，为了使图片看起来更舒适、美观，用户可以对图片进行裁剪、抠除背景、对齐等操作。

1. 裁剪图片

选择图片，在"图片工具"选项卡中单击"裁剪"按钮，即可对图片进行裁剪，如图11-5所示。此外，单击"裁剪"下拉按钮，在弹出的列表中可以将图片按形状裁剪或按比例裁剪，如图11-6所示。

图 11-5

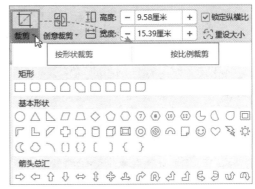

图 11-6

2. 抠除图片背景

选择图片，在"图片工具"选项卡中单击"抠除背景"下拉按钮，在弹出的列表中选择"智能抠除背景"选项，打开"抠除背景"窗格，在需要抠除的图片区域上单击，然后在"当前点抠除程度"区域拖动滑块来调整抠除程度，调整好后单击"完成抠图"按钮，即可抠除图片的背景，如图11-7所示。

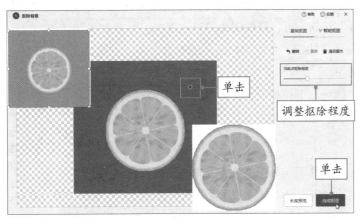

图 11-7

此外，在"抠除背景"窗格中单击"长按预览"按钮，或长按空格键，可以预览抠除背景的效果。单击"撤销"按钮，可以撤销上一步的操作，单击"重做"按钮，可以恢复上一步的操作，单击"清空操作"按钮，可以清除所有的操作。

> **知识点拨**
>
> 为图片抠除背景后，图片由JPG格式转换成PNG格式。

3. 设置图片对齐方式

选择图片，在"图片工具"选项卡中单击"对齐"下拉按钮，在弹出的列表中可以将图片设置为左对齐、水平居中、右对齐、靠上对齐、垂直居中、靠下对齐、横向分布和纵向分布，如图11-8所示。

此外，选择多张图片，在"对齐"列表中可以将多张图片设置为"等高""等宽"和"等尺寸"，如图11-9所示。

图 11-8　　　　　　　　图 11-9

11.1.3　美化图片

为了使图片符合要求，用户可以对图片的亮度/对比度和图片的样式进行设置来达到美化图片的目的。

1. 设置亮度 / 对比度

选择图片，在"图片工具"选项卡中单击"增加对比度"按钮，可以增加图片的对比度。单击"降低对比度"按钮，可以降低图片的对比度。

单击"增加亮度"按钮，可以增加图片的亮度。单击"降低亮度"按钮，可以降低图片的亮度，如图11-10所示。

此外，单击"颜色"下拉按钮，在弹出的列表中可以将图片的颜色设置为灰色、黑白和冲蚀。

2. 设置图片样式

选择图片，在"图片工具"选项卡中，单击"图片轮廓"

图 11-10

下拉按钮，在弹出的列表中可以设置图片轮廓的颜色、线型和虚线线型。单击"图片效果"下拉按钮，在弹出的列表中可以为图片设置阴影、倒影、发光、柔化边缘等效果，如图11-11所示。

WPS Office办公软件应用标准教程（实战微课版）

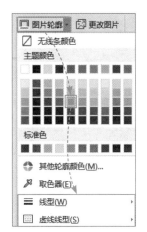
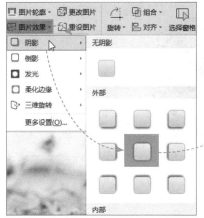

图 11-11

动手练 制作图片合成效果

扫码看视频

在幻灯片中制作图片合成效果，可使用WPS中的"设置透明色"功能，如图11-12所示。

图 11-12

首先在幻灯片中插入一个带有黑色区域的图片，选择图片，在"图片工具"选项卡中单击"抠除背景"下拉按钮，在弹出的列表中选择"设置透明色"选项，如图11-13所示。光标变为吸管形状，在黑色区域单击，将其设置为透明。然后在图片上右击，在弹出的快捷菜单选择"设置对象格式"命令，打开"对象属性"窗格，在"填充与线条"选项卡中选中"图片或纹理填充"单选按钮，如图11-14所示。单击"图片填充"下拉按钮，在弹出的列表中选择"本地文件"选项，在打开的对话框中选择合适的图片，即可将图片填充到透明区域。

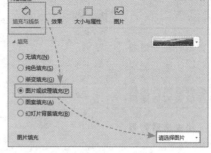

图 11-13　　　　　　　　　　　　　　　　图 11-14

知识点拨

选择需要设置成透明色的图片时，图片必须是JPG格式，否则无法实现图片合成效果。

S 11.2　形状设置

在幻灯片中使用形状可以起到丰富页面内容的作用。插入形状后，用户需要对形状进行相关编辑。

11.2.1　插入形状

WPS演示中内置了多种形状类型。用户只需要在"插入"选项卡中单击"形状"下拉按钮，在弹出的列表中就可选择需要的形状，如图11-15所示。拖动光标，即可在幻灯片中绘制一个形状，如图11-16所示。

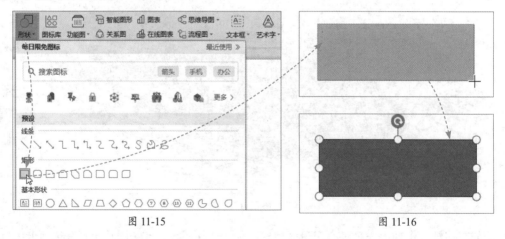

图 11-15　　　　　　　　　　　　　　　　图 11-16

11.2.2　编辑形状

绘制形状后，用户可对形状进行编辑。如组合形状、合并形状、设置形状叠放顺序等。

1. 组合形状

当幻灯片中插入了多个形状后，为了方便统一管理，用户可以将其组合在一起。选择需要组合在一起的形状，在"绘图工具"选项卡中单击"组合"下拉按钮，在弹出的列表中选择"组合"选项，如图11-17所示，即可将选择的形状组合成一个图形，如图11-18所示。

此外，如果用户想要取消组合，则需要选择组合的图形，右击，在弹出的快捷菜单中选择"组合"选项，并从其级联菜单中选择"取消组合"命令即可，如图11-19所示。

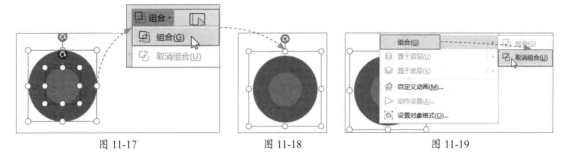

图 11-17 　　　　　　　　　图 11-18 　　　　　　　　　图 11-19

2. 合并形状

合并形状功能包括结合、组合、拆分、相交、剪除。使用该功能可以将所选形状合并到一个或多个新的几何形状。选择形状，在"绘图工具"选项卡中单击"合并形状"下拉按钮，在弹出的列表中选择相应的选项，即可得到不同的形状。

如果在"合并形状"列表中选择"结合"选项，即可将形状结合在一起，如图11-20所示。

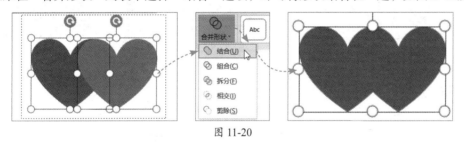

图 11-20

如果在"合并形状"列表中选择"组合"选项，则可以得到组合后的形状，如图11-21所示。选择"拆分"选项，则可以将形状进行拆分，如图11-22所示。选择"相交"选项，则可以得到相交后的形状，如图11-23所示。选择"剪除"选项，则可以得到剪除后的形状，如图11-24所示。

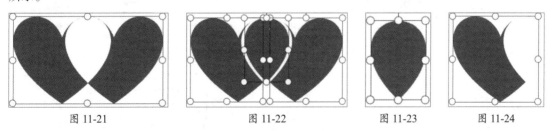

图 11-21 　　　　　　　图 11-22 　　　　　　　图 11-23 　　　　　图 11-24

知识点拨

形状选取的先后顺序对最终形状有很大影响。例如，在"剪除"中，剩下的是先选形状与后选形状不重叠的部分。无论是选择哪种效果，其形成的新形状颜色取决于先选形状的颜色。

3. 设置形状叠放顺序

绘制形状会以创建的先后顺序自动安排叠放，如果用户想要调整形状的叠放顺序，则需要选中形状，在"绘图工具"选项卡中单击"下移一层"下拉按钮，在弹出的列表中选择"下移一层"选项，即可将选择的形状向下移动一层，如图11-25所示。

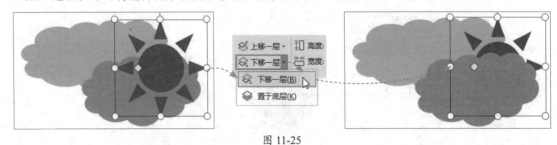

图 11-25

如果用户在"下移一层"列表中选择"置于底层"选项，则选择的形状被置于底层，如图11-26所示。同理，单击"上移一层"下拉按钮，可以将形状上移一层或置于顶层。

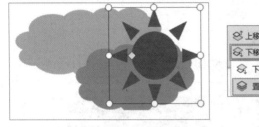

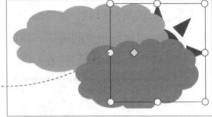

图 11-26

知识点拨

选择形状，在"绘图工具"选项卡中还可以设置形状的填充颜色、轮廓样式和形状效果，如图11-27所示。

图 11-27

动手练 **使用形状拆分文字**

扫码看视频

用户可以通过"合并形状"功能中的拆分命令，使用形状对文字进行拆分，然后删除文字中的某些部分，用图片或图形替代，制作出创意文字效果，如图11-28所示。

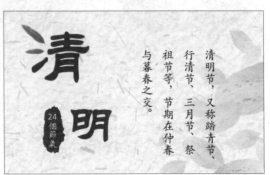

图 11-28

首先在幻灯片中插入文本框，输入两个文本"清"和"明"，并设置文本的字体格式，如图11-29所示。在"插入"选项卡中单击"形状"下拉按钮，在弹出的列表中选择"矩形"选项，绘制一个矩形覆盖在"清"字上方，如图11-30所示。保持矩形为选中状态，然后选择"清"字所在文本框，在"绘图工具"选项卡中单击"合并形状"下拉按钮，在弹出的列表中选择"拆分"选项，对文字进行拆分，如图11-31所示。删除矩形，得到拆分后的形状文字，然后删除"清"字的两点，用树叶图片代替，如图11-32所示。最后选中形状文字，在"绘图工具"选项卡中设置形状文字的填充颜色和轮廓即可。

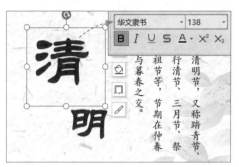　　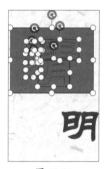　

图 11-29　　　　　　　　图 11-30　　　　图 11-31　　　　图 11-32

11.3 表格设置

　　在幻灯片中可以使用表格展示数据，插入表格后需要对表格进行编辑和美化，使整个幻灯片页面更美观。

11.3.1　插入表格

　　用户可以使用在面板中滑动光标的方式直接插入表格，或通过对话框插入表格。在"插入"选项卡中单击"表格"下拉按钮，在展开的面板中拖动光标，选取需要的行列数，即可插入表格，如图11-33所示。

　　或者在"表格"列表中选择"插入表格"选项，打开"插入表格"对话框，在"行数"和"列数"数值框中输入数值，单击"确定"按钮插入表格。

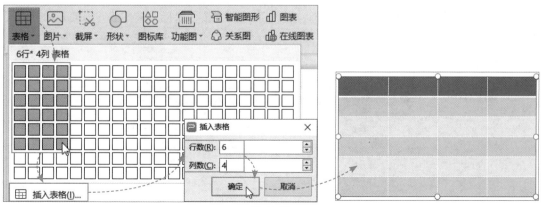

图 11-33

11.3.2 编辑表格

插入表格后，用户可以根据需要对表格进行编辑，例如，设置文本对齐方式、插入行/列、调整行高和列宽、拆分/合并单元格、调整表格大小等。

1. 设置文本对齐方式

选择表格，在"表格工具"选项卡中单击"居中对齐"和"水平居中"按钮，可以将表格中的文本设置为居中对齐，如图11-34所示。

此外，用户也可以将文本设置为"顶端对齐""右对齐""底端对齐"等。

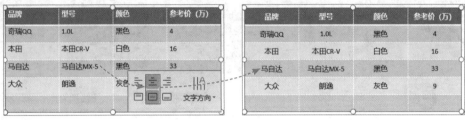

图 11-34

2. 插入行 / 列

选择行，在"表格工具"选项卡中单击"在上方插入行"按钮，即可在所选行上方插入一行，如图11-35所示。同理，单击"在下方插入行"按钮，可以在所选行下方插入一行。单击"在左侧插入列"按钮，可以在所选列左侧插入列。单击"在右侧插入列"按钮，可以在所选列右侧插入列。

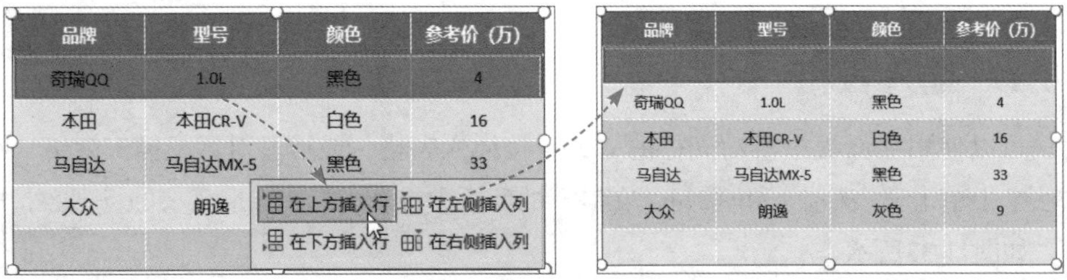

图 11-35

3. 调整行高和列宽

将光标移至行下方分隔线上，当光标变为⬍形状时，按住鼠标左键不放并拖动光标，即可调整行高，如图11-36所示。此外，将光标移至列右侧分隔线上，当光标变为⬌形状时，按住鼠标左键不放并拖动光标，即可调整列宽，如图11-37所示。

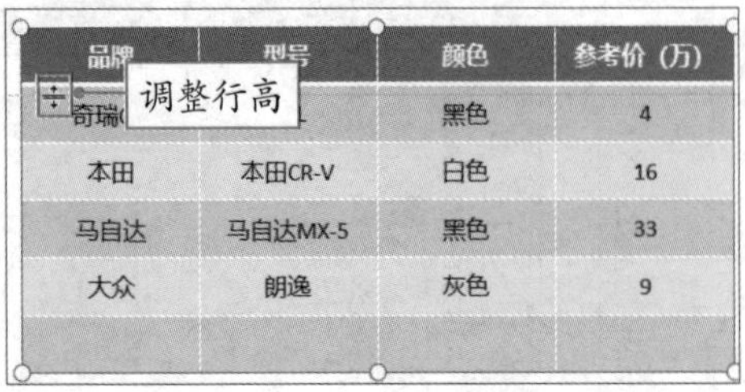

图 11-36   图 11-37

WPS Office办公软件应用标准教程（实战微课版）

4. 拆分 / 合并单元格

选择需要合并的单元格，在“表格工具”选项卡中单击“合并单元格”按钮，即可将选择的多个单元格合并成一个单元格，如图11-38所示。

此外，单击“拆分单元格”按钮，打开“拆分单元格”对话框，输入需要拆分的“行数”和“列数”，即可将所选单元格拆分成多个单元格。

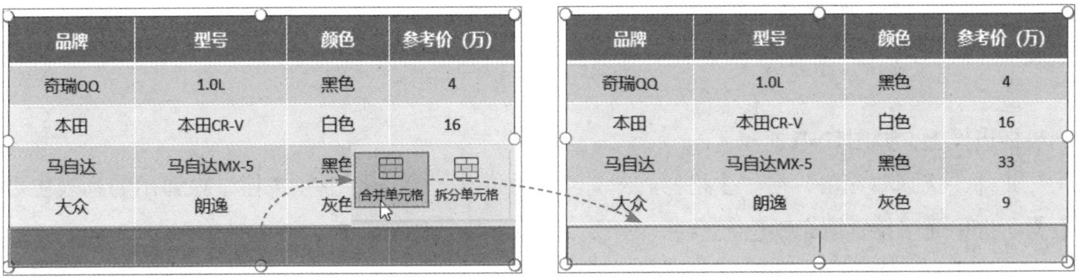

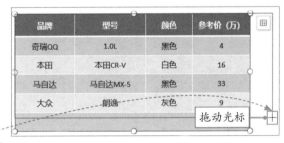

图 11-38

5. 调整表格大小

选择表格，将光标移至表格右下方的控制点上，然后按住鼠标左键不放并拖动光标，即可调整表格的大小，如图11-39所示。

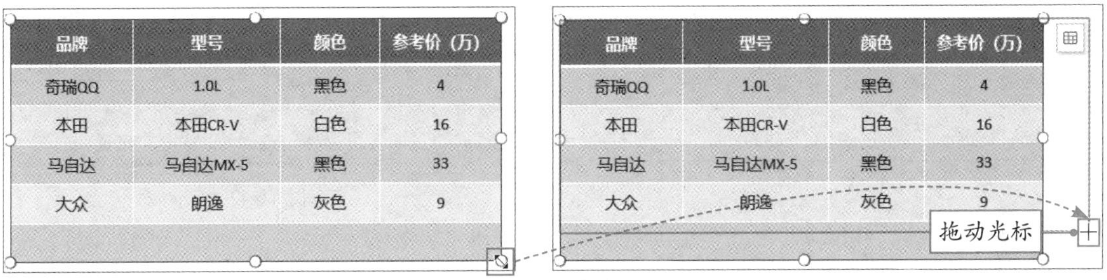

图 11-39

知识点拨

选择表格，在键盘上直接按【Delete】键即可将表格删除。

11.3.3 美化表格

在幻灯片中创建的表格自带表格样式，如果用户想要更改表格的样式，使其看起来更加美观，则可以使用WPS演示内置的表格样式或自定义表格样式。

1. 使用表格内置样式

选择表格，在“表格样式”选项卡中单击“其他”下拉按钮，在展开的面板中选择合适的预设样式，即可为表格套用所选样式，如图11-40所示。

2. 自定义表格样式

选择表格，在“表格样式”选项卡中设置“笔样式”“笔画粗细”和“笔颜色”，设置好后单击“边框”下拉按钮，在弹出的列表中选择“所有框线”选项，即可将设置的边框样式应用

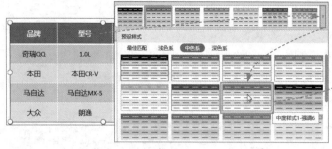

图 11-40

到表格边框上，如图11-41所示。

此外，选择单元格，在"表格样式"选项卡中单击"填充"下拉按钮，在弹出的列表中可以为所选单元格设置填充颜色。

选择表格，单击"效果"下拉按钮，在弹出的列表中可以为表格设置"阴影"和"倒影"效果，如图11-42所示。

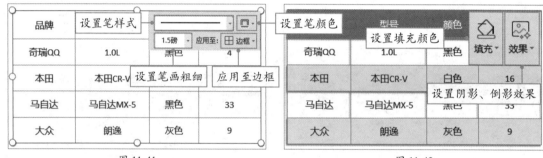

图 11-41   图 11-42

注意事项 自定义表格样式时，用户需要选择表格，在"表格样式"选项卡中单击"清除表格样式"按钮，可清除表格的样式。

动手练 制作Metro风格效果

Metro风格是一种结构简洁、颜色明快的扁平化"方块式"设计风格，用户可以使用表格功能进行制作，如图11-43所示。

图 11-43

在幻灯片中插入一张图片，然后插入一个5行13列的表格，并将表格调整到和图片相同大小，如图11-44所示。剪切图片，然后选择表格，在"表格样式"选项卡中单击"填充"下拉

WPS Office办公软件应用标准教程（实战微课版）

按钮，在弹出的列表中选择"更多设置"选项，打开"对象属性"窗格，在"填充与线条"选项卡中选中"图片或纹理填充"单选按钮，单击"图片填充"下拉按钮，在弹出的列表中选择"剪贴板"选项，如图11-45所示，并将"放置方式"设置为"平铺"，将图片填充到表格中。

　　选择表格，在"表格样式"选项卡中设置"笔样式""笔画粗细"和"笔颜色"，然后单击"边框"下拉按钮，在弹出的列表中选择"所有框线"选项，将设置的边框样式应用至表格边框上。最后合并部分单元格，并为单元格设置填充颜色，在单元格中输入相关文本内容即可。

图 11-44

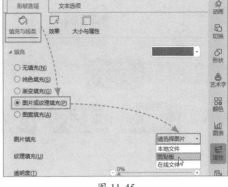

图 11-45

⑤ 11.4 使用智能图形

　　当在幻灯片中输入存在一定关系的文本时，例如流程、循环、层次结构等，可以使用智能图形进行展示。

11.4.1 插入智能图形

　　WPS演示提供了"列表""流程""循环""层次结构""关系""矩阵""棱锥图""图片"8种图形类型。用户只需要在"插入"选项卡中单击"智能图形"按钮，打开"选择智能图形"对话框，选择合适的图形类型后单击"插入"按钮，如图11-46所示，即可将选择的图形插入到幻灯片中。

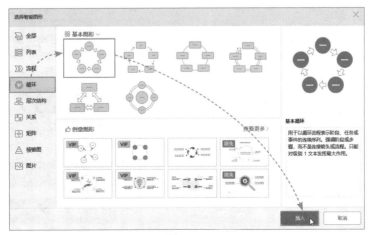

图 11-46

11.4.2 编辑智能图形

插入智能图形后，用户需要在图形中输入文本内容，并根据需要在图形中添加项目、更改图形的布局、更改样式等。

1. 输入文本

输入文本很简单，用户只需要将光标插入到带有"文本"字样的形状中，然后直接输入相关文本内容即可，如图11-47所示。

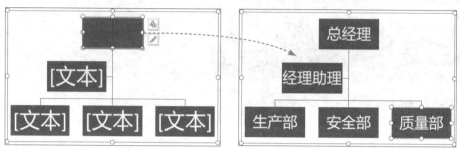

图 11-47

2. 添加项目

选择形状，在"设计"选项卡中单击"添加项目"下拉按钮，在弹出的列表中选择"在后面添加项目"选项，即可在所选形状的后面添加一个形状，如图11-48所示。

此外，用户也可以在下方添加项目、在上方添加项目、在前面添加项目、添加助理等。

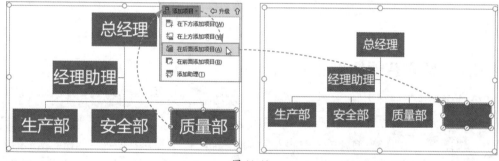

图 11-48

3. 更改布局

选择形状，在"设计"选项卡中单击"布局"下拉按钮，在弹出的列表中选择需要的布局样式，即可更改图形的布局，这里选择"两者"，如图11-49所示。

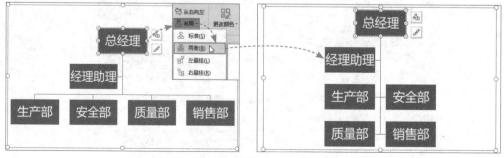

图 11-49

4. 更改样式

选择图形，在"设计"选项卡中单击"更改颜色"下拉按钮，在弹出的列表中选择合适的主题颜色，如图11-50所示，即可更改图形的颜色。在"设计"选项卡中选择需要的样式，即可快速更改图形样式，如图11-51所示。

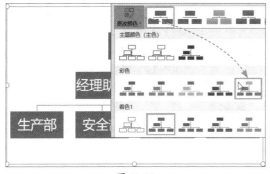

图 11-50　　　　　　　　　　　　　　　　图 11-51

知识点拨

选择图形中的形状，打开"格式"选项卡，可以单独设置形状的填充颜色和轮廓，如图11-52所示。

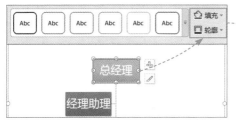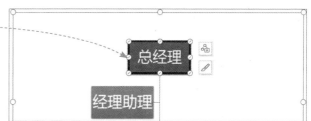

图 11-52

动手练 **制作旅行相册**

在旅行中会用相机拍摄美丽的风景，此时用户可以使用智能图形制作旅行相册，记录沿途的风景，如图11-53所示。

扫码看视频

图 11-53

选择幻灯片，打开"插入"选项卡，单击"智能图形"按钮，打开"选择智能图形"窗格，选择"图片"选项，然后选择"蛇形图片题注列表"选项，单击"插入"按钮插入一个图形。选择图形中的形状，在"设计"选项卡中单击"添加项目"下拉按钮，在弹出的列表中选择"在后面添加项目"选项，添加3个形状，如图11-54所示。

接着单击形状中的图片，打开"插入图片"对话框，从中选择需要的图片，单击"打开"按钮，将图片插入到形状中，按照同样的方法，在其他形状中插入图片，并在形状下方输入相关文本内容，如图11-55所示。

选择下方的题注形状，在"格式"选项卡中设置形状的填充颜色即可。

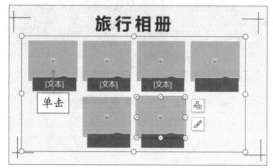

图 11-54

图 11-55

🇸 11.5 使用音频和视频

制作像教学课件、旅游相册等类型的演示文稿时，一般需要在幻灯片中插入背景音乐或视频，这样可以起到烘托氛围的作用。

▮11.5.1 插入音频

在幻灯片中插入背景音乐，可以让演讲更具吸引力。在"插入"选项卡中单击"音频"下拉按钮，在弹出的列表中可选择"嵌入音频""链接到音频""嵌入背景音乐"和"链接背景音乐"。这里选择"嵌入音频"选项，如图11-56所示。打开"插入音频"对话框，选择音频，如图11-57所示。单击"打开"按钮，即可将音频插入到幻灯片中。

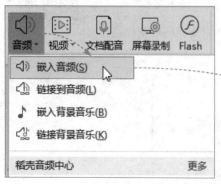

图 11-56

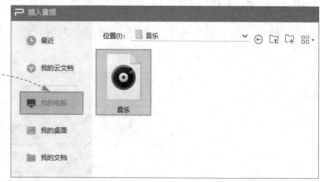

图 11-57

WPS Office办公软件应用标准教程（实战微课版）

11.5.2　编辑音频

插入音频后，在幻灯片中会显示一个小喇叭图标，用户可以对音频进行一系列编辑，例如设置音频播放参数、裁剪音频等。

1. 设置音频播放参数

选择小喇叭图标，在"音频工具"选项卡中，如图11-58所示，单击"播放"按钮可以播放音频；单击"音量"下拉按钮，可以调节声音的大小；单击"开始"下拉按钮，可以设置音频是自动播放还是单击播放。

如果选中"当前页播放"单选按钮，则插入的音频只应用于当前的这一张幻灯片；选中"跨幻灯片播放"单选按钮，该音频可从当前页幻灯片开始播放，直至指定页码停止；勾选"循环播放，直至停止"复选框，则重复播放音频，直至停止；勾选"放映时隐藏"复选框，则播放幻灯片时隐藏音频图标；勾选"播放完返回开头"复选框，音频播放完后自动返回音频开头。

此外，想要将插入的音频设置为背景音乐，单击"设为背景音乐"按钮即可。

图 11-58

2. 裁剪音频

选择音频图标，在"音频工具"选项卡中单击"裁剪音频"按钮，打开"裁剪音频"对话框，如图11-59所示。从中拖动"开始时间"和"结束时间"的滑块，对声音进行裁剪，设置好后单击"确定"按钮，如图11-60所示，即可将音频裁剪成指定时间长度。

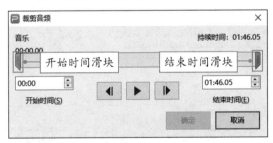

图 11-59

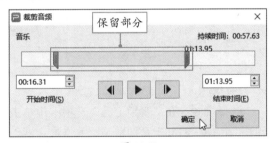

图 11-60

> **知识点拨**
>
> 在裁剪音频时，两个滑块之间的音频将被保留，剩余的将被裁剪掉。

11.5.3　插入视频

用户可以根据幻灯片的内容插入相关视频，在"插入"选项卡中单击"视频"下拉按钮，在弹出的列表中可以选择设置"嵌入本地视频""链接到本地视频"和"网络视频"。这里选择"嵌入本地视频"选项，打开"插入视频"对话框，从中选择视频，如图11-61所示。单击"打开"按钮即可将视频插入到幻灯片中。

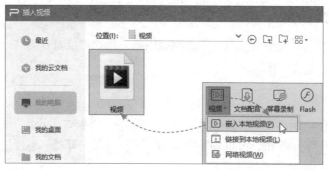

图 11-61

11.5.4　编辑视频

在幻灯片中插入视频后，为了使视频与幻灯片完美契合，需要对视频进行编辑。例如设置视频播放参数、裁剪视频等。

1. 设置视频播放参数

选择视频，在"视频工具"选项卡中，如图11-62所示。单击"播放"按钮，即可播放视频。单击"音量"下拉按钮，在弹出的列表中可以调节视频声音的大小。单击"开始"下拉按钮，在弹出的列表中可以设置视频是自动播放还是单击播放。

勾选"全屏播放"复选框，则全屏播放视频；勾选"未播放时隐藏"复选框，则视频未播放时隐藏视频；勾选"循环播放，直到停止"复选框，则重复播放视频，直到停止；勾选"播放完返回开头"复选框，则视频播放完后自动返回视频开头。

图 11-62

2. 裁剪视频

选择视频，在"视频工具"选项卡中单击"裁剪视频"按钮，打开"裁剪视频"对话框，从中拖动滑块设置视频的"开始时间"和"结束时间"，单击"确定"按钮，如图11-63所示，即可对视频进行裁剪。

此外，在"裁剪视频"对话框中也可以通过数值框设置"开始时间"和"结束时间"。

图 11-63

WPS Office办公软件应用标准教程（实战微课版）

选择视频，将光标移至视频右下角的控制点上，按住鼠标左键不放并拖动光标，即可调整视频的大小。

动手练 设置视频封面

插入的视频默认以视频开始的画面作为封面，如图11-64所示。如果用户觉得视频的封面不是很美观，可以为视频设置一个封面，如图11-65所示。

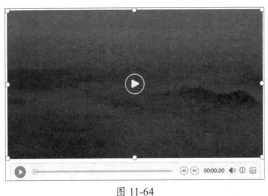

图 11-64

图 11-65

选择视频，在视频下方的工具栏上单击"图片"按钮，如图11-66所示。在打开的窗口中选择"封面图片"选项，然后单击"选择图片文件"按钮，如图11-67所示。打开"选择图片"对话框，从中选择合适的封面图片，单击"打开"按钮，即可将所选图片设置为视频的封面。

此外，在"选择图片文件"上方显示一排颜色，用户选择相应的颜色，即可更改封面图片的颜色。

图 11-66

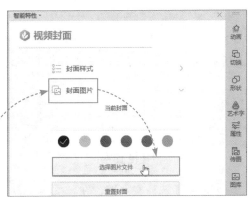

图 11-67

案例实战：制作家乡宣传演示文稿

为了让更多的人了解家乡的风俗习惯、美景、美食，需要对家乡进行宣传。下面就利用本章所学知识制作家乡宣传演示文稿，如图11-68所示。

图 11-68

Step 01 新建演示文稿。右击，使用弹出的快捷菜单可新建一个空白演示文稿。在"开始"选项卡中单击"新建幻灯片"下拉按钮，在弹出的列表中选择空白幻灯片，单击"立即使用"按钮，如图11-69所示，也可新建一个空白幻灯片。

Step 02 制作封面页。在幻灯片中插入一张图片，并调整图片的大小，在"插入"选项卡中单击"艺术字"下拉按钮，在弹出的列表中选择合适的艺术字样式，然后在艺术字文本框中输入标题"重庆印象"，如图11-70所示。

图 11-69

图 11-70

Step 03 选择文本框，在"文本工具"选项卡中，将"文本填充"设置为白色，将"字号"设置为"100"，然后绘制一个文本框，输入文本内容，将其放置标题的下方，如图11-71所示。

Step 04 在幻灯片中绘制多个矩形，在"绘图工具"选项卡中，将矩形的填充颜色设置为深红，将矩形的轮廓设置为"无线条颜色"，选择中间3个矩形，在"绘图工具"选项卡中单击"下移一层"下拉按钮，在弹出的列表中选择"置于底层"选项，将其置于最底层，如图11-72所示。

图 11-71

图 11-72

Step 05 制作目录页。按【Enter】键，新建第二张空白幻灯片，在幻灯片中插入一张图片，然后绘制矩形，设置矩形的填充颜色和轮廓，并将其进行复制，如图11-73所示。

Step 06 在"插入"选项卡中单击"文本框"下拉按钮，在弹出的列表中选择"横向文本框"选项，在幻灯片中绘制文本框，输入"目录"文本和标题内容，并设置文本的字体格式，如图11-74所示。

图 11-73

图 11-74

Step 07 制作内容页。新建第三张空白幻灯片，绘制矩形，设置矩形的填充颜色和轮廓，然后选择矩形，右击，在弹出的快捷菜单中选择"编辑文字"命令，在矩形中输入文本内容，并在矩形下方输入正文内容，如图11-75所示。

Step 08 在幻灯片中再次绘制一个矩形，并复制6个矩形，选中所有的矩形，右击，在弹出的快捷菜单中选择"组合"选项，并选择"组合"选项，如图11-76所示，将所有的矩形组合在一起。

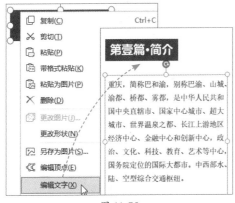

图 11-75

图 11-76

Step 09 选择组合后的图形，在"绘图工具"选项卡中单击"填充"下拉按钮，在弹出的列表中选择"图片或纹理"选项，并从其级联菜单中选择"本地图片"选项，打开"选择纹理"对话框，从中选择合适的图片，单击"打开"按钮，即可将图片填充到图形中。将图形的轮廓设置为"无线条颜色"，如图11-77所示。

图 11-77

Step 10 新建第4张空白幻灯片，在"插入"选项卡中，单击"表格"下拉按钮，插入一个3行2列的表格，并调整表格的大小。将第一行的两个单元格进行合并，将光标插入到单元格中，在"表格样式"选项卡中单击"填充"下拉按钮，在弹出的列表中选择"图片或纹理"选项，并从其级联菜单中选择"本地图片"选项，在打开的对话框中选择需要的图片，即可将图片填充到单元格中，按照同样的方法为其他单元格填充图片，如图11-78所示。

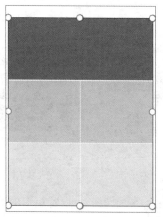 

图 11-78

Step 11 选择表格，在"表格样式"选项卡中，设置"笔样式""笔画粗细"和"笔颜色"，设置好后，单击"边框"下拉按钮，在弹出的列表中选择"所有框线"选项，设置表格样式。最后输入相关文本内容，如图11-79所示。

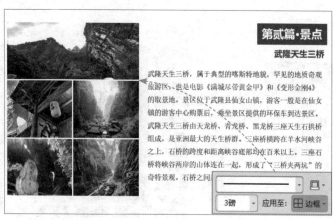

图 11-79

Step 12 新建第5张空白幻灯片，在"插入"选项卡中单击"智能图形"按钮，插入一个"蛇形图片块"图形，然后在后面添加3个项目，如图11-80所示。

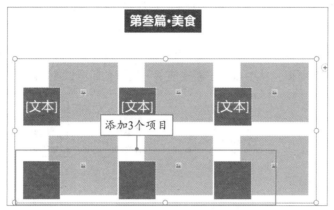

图 11-80

Step 13 单击形状中的图片按钮，在形状中插入图片，然后在文本形状中输入相关文本内容，并在"格式"选项卡中设置形状的填充颜色，如图11-81所示。

图 11-81

Step 14 制作结尾页。新建第6张空白幻灯片，在幻灯片中插入图片，然后绘制一个文本框，输入文本"谢谢观看"，将其放在图片上方合适位置。最后绘制两个矩形，设置矩形的填充颜色和轮廓即可，如图11-82所示。

图 11-82

使用移动端WPS Office创建演示文稿的方法和创建文档、表格的方法相似，下面详细介绍操作过程。

Step 01 打开WPS Office，在打开的界面中点击"+"按钮，如图11-83所示。

Step 02 弹出一个面板，从中点击"新建演示"按钮，如图11-84所示。

图 11-83

图 11-84

Step 03 弹出一个"新建演示"界面，在"推荐"选项中点击"WPS OFFICE"选项，如图11-85所示，即可创建一个空白演示文稿，用户在下方点击带加号的幻灯片，可以新建幻灯片。此外，在幻灯片中进行相关编辑操作后，点击上方的"保存"按钮，进行保存操作即可，如图11-86所示。

图 11-85

图 11-86

第12章
打造动画与交互效果

　　动画是演示文稿放映的精髓，在幻灯片中添加动画，可以使整个演示文稿更加生动、活泼。用户不仅可以为幻灯片中的对象添加动画，也可以为幻灯片添加动画，本章将对幻灯片动画的设置、幻灯片切换效果的设置、超链接的添加和编辑等进行全面介绍。

S 12.1 设置幻灯片动画

WPS演示提供了4种动画类型：进入动画、强调动画、退出动画、路径动画。用户可以根据需要添加动画效果。

12.1.1 添加进入动画

进入动画是对象在幻灯片页面中从无到有、逐渐出现的动画过程。选择需要添加进入动画的对象，在"动画"选项卡中单击"其他"下拉按钮，在弹出的面板中单击"进入"选项下的"更多选项"按钮，显示更多进入动画效果，用户可以根据需要选择一种合适的进入动画效果，如图12-1所示。

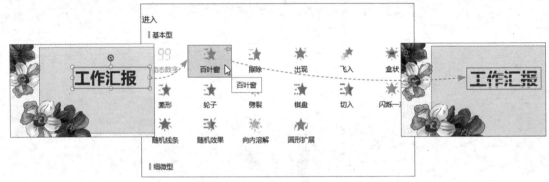

图 12-1

此外，为对象添加进入动画效果后，在"动画"选项卡中单击"自定义动画"按钮，在打开的"自定义动画"窗格中可以设置动画的开始方式、方向、速度等，如图12-2所示。

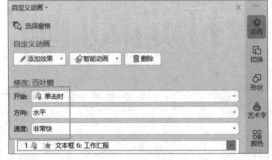

图 12-2

知识点拨

如果用户需要删除添加的动画，则选择添加动画的对象，在"动画"选项卡中单击"删除动画"按钮即可。

动手练 制作打字动画

WPS演示中内置了多种动画效果，用户可以通过"进入"动画下的"颜色打字机"动画效果，制作打字动画，如图12-3所示。

图 12-3

选择文本框,在"动画"选项卡中单击"其他"下拉按钮,在展开的面板中单击"进入"选项下的"更多选项"按钮,然后选择"温和型"选项下的"颜色打字机"动画效果,如图12-4所示。接着单击"自定义动画"按钮,打开"自定义动画"窗格,将"速度"设置为"快速",然后单击"颜色打字机"动画选项右侧下拉按钮,在弹出的列表中选择"效果选项",打开"颜色打字机"对话框,在"效果"选项卡中设置"首选颜色"和"辅助颜色",单击"确定"按钮即可,如图12-5所示。最后在"动画"选项卡中单击"预览效果"按钮,可以预览制作的打字动画效果。

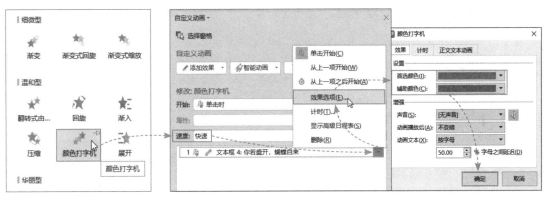

图 12-4   图 12-5

12.1.2 添加强调动画

强调动画可以突出对象,让对象重点显示。选择对象,在"动画"选项卡中单击"其他"下拉按钮,在展开的面板中单击"强调"选项下的"更多选项"按钮,然后选择一种合适的强调动画效果,如图12-6所示。

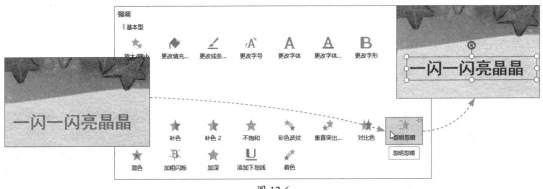

图 12-6

12.1.3　添加退出动画

退出动画是对象从有到无、逐渐消失的过程。选择对象，在"动画"选项卡中单击"其他"下拉按钮，在展开的面板中单击"退出"选项下的"更多选项"按钮，从中选择一种退出动画效果即可，如图12-7所示。

> 退出动画很少单独使用，一般会和进入动画、强调动画等组合使用。

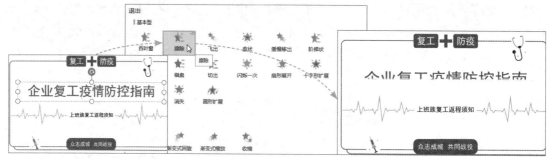

图 12-7

12.1.4　制作动作路径动画

为对象添加动作路径，可以使对象按照设定好的路径进行运动。选择对象，在"动画"选项卡中单击"其他"下拉按钮，在展开的面板中可以根据需要选择"动作路径"下的选项。如果用户想要自己绘制一个路径，则选择"绘制自定义路径"选项下的"自由曲线"选项，此时光标变为铅笔形状，拖动光标，为图片绘制一个动作路径，如图12-8所示。

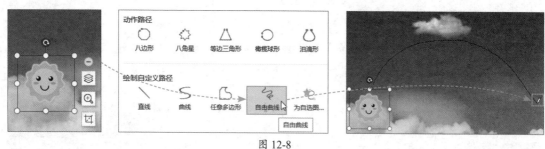

图 12-8

绘制好后，单击"预览效果"按钮，可以预览为图片制作的动作路径动画效果，如图12-9所示。

图 12-9

为图片添加动画效果后会自动预览动画效果。如果用户想要取消自动预览，可以在"自定义动画"窗格中取消勾选"自动预览"复选框，如图12-10所示。

图 12-10

12.1.5 制作组合动画

为幻灯片中的对象添加动画效果时，可以为同一对象添加多个动画效果，并且这些动画效果可以是一起出现，或先后出现。例如为文字添加进入和退出动画。选择文本框，在"动画"选项卡中单击"其他"下拉按钮，在展开的面板中选择"进入"选项下的"飞入"动画效果，如图12-11所示。接着单击"自定义动画"按钮，打开"自定义动画"窗格，从中单击"添加效果"下拉按钮，在展开的面板中选择"退出"选项下的"飞出"动画效果，如图12-12所示。

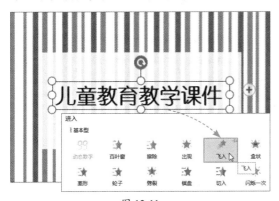

图 12-11

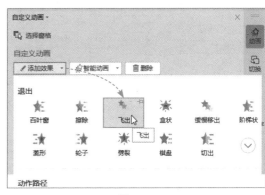

图 12-12

此外，为对象添加进入和退出动画后，在"自定义动画"窗格中，选择"飞入"动画选项，可以设置动画的开始方式、方向和速度，如图12-13所示。选择"飞出"动画选项，同样可以进行相关设置，如图12-14所示。

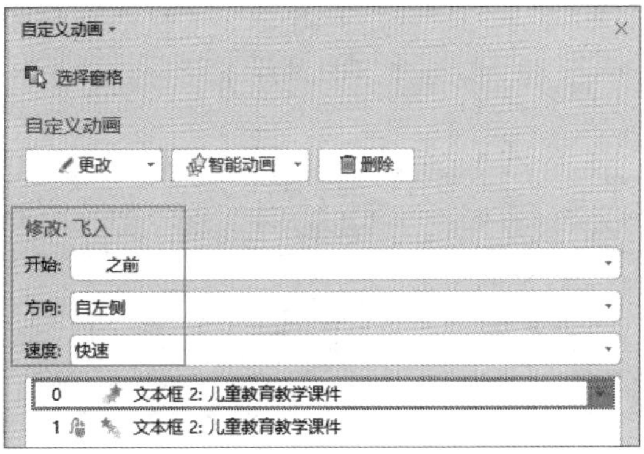

图 12-13

图 12-14

动手练 制作心跳动画

用户通过为对象添加"出现"和"放大/缩小"动画效果，可以制作出心跳动画，如图12-15所示。

图 12-15

选择"心形"图片，在"动画"选项卡中单击"其他"下拉按钮，在展开的面板中选择"进入"选项下的"出现"动画效果。接着单击"自定义动画"按钮，打开"自定义动画"窗格，将"开始"设置为"之前"。单击"出现"动画选项右侧下拉按钮，在弹出的列表中选择"计时"选项，打开"出现"对话框，在"计时"选项卡中将"延迟"设置为"0.5秒"，如图12-16所示。

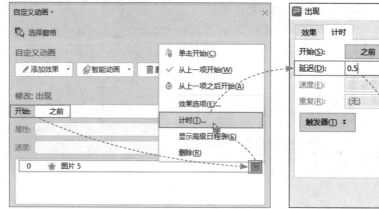

图 12-16

在"自定义动画"窗格中单击"添加效果"下拉按钮，在展开的面板中选择"强调"选项下的"放大/缩小"动画效果，选择"放大/缩小"动画选项，将"开始"设置为"之前"，将"尺寸"设置为"110%"，将"速度"设置为"非常快"。然后单击"放大/缩小"动画选项右侧下拉按钮，在弹出的列表中选择"效果选项"，打开"放大/缩小"对话框，打开"计时"选项卡，将"重复"设置为"直到幻灯片末尾"，在"效果"选项卡中勾选"自动翻转"复选框，单击"确定"按钮，如图12-17所示。

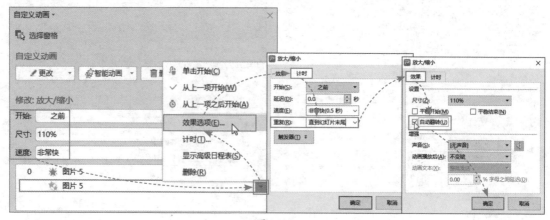

图 12-17

S 12.2 设置幻灯片切换效果

为幻灯片设置切换效果，可以使各幻灯片的播放连接得更加自然，使整个演示文稿的放映更加生动活泼。

12.2.1 页面切换效果的类型

WPS演示为用户提供了16种页面切换效果，包括淡出、切出、擦除、形状、溶解、新闻快报、轮辐、随机、百叶窗、梳理、抽出、分割、线条、棋盘、推出、插入，如图12-18所示。

图 12-18

"擦除"切换效果如图12-19所示。

图 12-19

"形状"切换效果如图12-20所示。"溶解"切换效果如图12-21所示。"新闻快报"切换效果如图12-22所示。

图 12-20　　　　　　　　　图 12-21　　　　　　　　　图 12-22

"轮辐"切换效果如图12-23所示。"百叶窗"切换效果如图12-24所示。"棋盘"切换效果如图12-25所示。

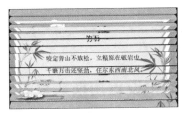
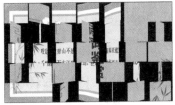

图 12-23　　　　　　　　　图 12-24　　　　　　　　　图 12-25

12.2.2　设置页面切换效果

了解幻灯片页面的切换类型后，如果用户想要为幻灯片设置页面切换效果，则需要选择幻灯片，在"切换"选项卡中单击"其他"下拉按钮，在弹出的列表中选择合适的切换效果即可，如图12-26所示。

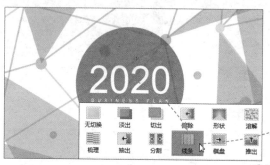

图 12-26

12.2.3　设置切换动画的参数

为幻灯片添加切换动画后，用户可以根据需要设置其切换动画的参数，如图12-27所示。在"切换"选项卡中单击"效果选项"下拉按钮，在弹出的列表中可以选择合适的切换效果。在"速度"数值框中可以指定切换效果播放的速度，并以秒为单位。在"声音"列表中可以选择一种声音，在幻灯片切换时播放。

此外，如果勾选"单击鼠标时换片"复选框，则单击鼠标时放映下一张幻灯片。如果勾选"自动换片"复选框，则可以设置让每一张幻灯片以特定秒数为间隔自动放映。

图 12-27

动手练 **为节日宣传演示文稿设置切换效果**

制作好演示文稿后，用户需要为演示文稿中的幻灯片添加切换效果，使整个演示文稿的放映更加生动有趣，如图12-28所示。

扫码看视频

图 12-28

选择第一张幻灯片，打开"切换"选项卡，单击"其他"下拉按钮，在弹出的列表中选择"随机"选项，如图12-29所示。为幻灯片添加"随机"切换效果后，将切换速度设置为"1秒"，单击"声音"下拉按钮，在弹出的列表中选择"风铃"选项，并勾选"自动换片"复选框，将间隔的时间设置为"5秒"，最后单击"应用到全部"按钮，将设置的切换效果应用到所有幻灯片，如图12-30所示。

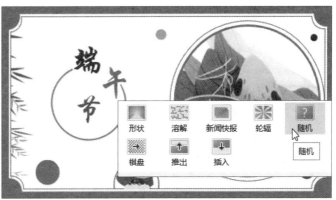

图 12-29

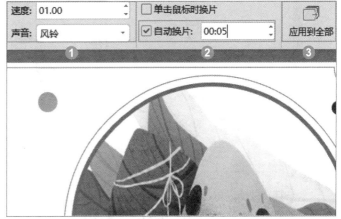

图 12-30

⑤ 12.3 创建和编辑超链接

在放映幻灯片时，如果需要引用其他内容，则可以为幻灯片中的对象添加超链接。用户可以将其链接到指定幻灯片、其他文件、网页等。

▌12.3.1 链接到指定幻灯片

为某个对象添加超链接，可以快速链接到指定幻灯片。选择需要添加超链接的对象，在"插入"选项卡中单击"超链接"按钮，如图12-31所示。打开"插入超链接"对话框，在"链接到"选项中选择"本文档中的位置"选项，然后在"请选择文档中的位置"列表框中选择需要链接到的幻灯片，单击"确定"按钮即可，如图12-32所示。

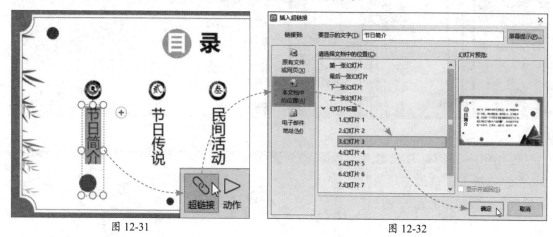

图 12-31　　　　　　　　　　　　　　　　　　　图 12-32

为文本添加超链接后，文本的字体颜色发生改变，并且添加了下画线，如图12-33所示。如果用户想要取消添加的超链接，则选择文本，右击，在弹出的快捷菜单中选择"取消超链接"命令即可，如图12-34所示。

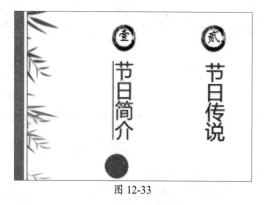

图 12-33

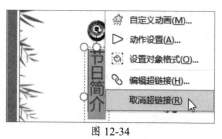

图 12-34

12.3.2　链接到其他文件

在为幻灯片中的对象添加超链接时，用户不仅可以链接到演示文稿内部的幻灯片，还可以链接到其他文件。选择对象，打开"插入超链接"对话框，在"链接到"选项中选择"原有文件或网页"选项，然后单击右侧的"浏览文件"按钮，在"打开文件"对话框中选择需要链接的文件，如图12-36所示，单击"打开"按钮即可。

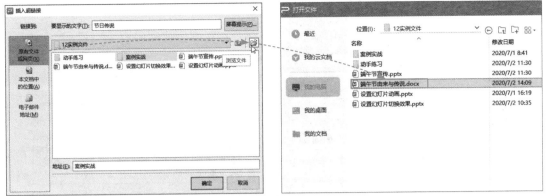

图 12-36

此外，设置超链接后，如果用户想要明确该链接链接到的主要内容是什么，可以设置一个屏幕提示。在添加了超链接的对象上右击，在弹出的快捷菜单中选择"编辑超链接"命令，打开"编辑超链接"对话框，单击"屏幕提示"按钮，如图12-37所示。打开"设置超链接屏幕提示"对话框，在"屏幕提示文字"文本框中输入提示内容，单击"确定"按钮即可，放映幻灯片时，将光标指向添加超链接的对象时会出现提示文字，如图12-38所示。

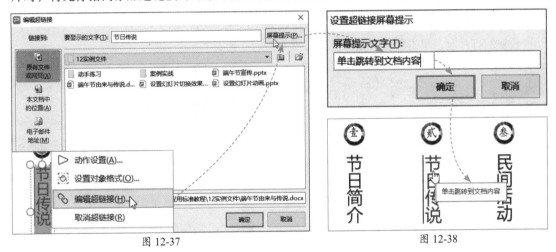

图 12-37 | 图 12-38

12.3.3 链接到网页

在放映幻灯片时，为了扩大信息范围，可以为对象设置链接到网页的超链接。选择对象，打开"插入超链接"对话框，在"链接到"选项中选择"原有文件或网页"选项，然后在"地址"文本框中直接输入网址，单击"确定"按钮即可，如图12-39所示。

图 12-39

放映幻灯片时直接单击超链接对象可访问链接到的网页，如图12-40所示。

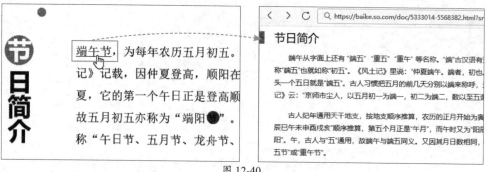

图 12-40

12.3.4 添加动作按钮

为了更灵活地控制幻灯片的放映，用户可以为幻灯片添加动作按钮，通过单击该按钮，可以快速返回首页或上一页。选择幻灯片，在"插入"选项卡中单击"形状"下拉按钮，在弹出的列表中选择"动作按钮：第一张"选项，如图12-41所示。光标变为十字形，拖动光标，在幻灯片中绘制动作按钮，随即弹出一个"动作设置"对话框，在"鼠标单击"选项卡中设置单击鼠标时的动作和播放声音，单击"确定"按钮，如图12-42所示。

放映幻灯片时，单击动作按钮即可返回第一张幻灯片。

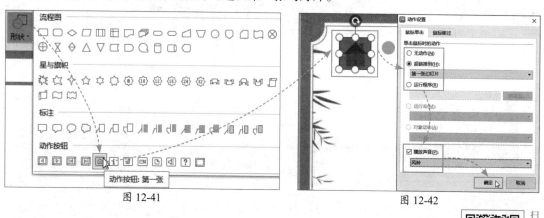

图 12-41

图 12-42

扫码看视频

动手练 **制作触发动画**

如果用户想要实现放映幻灯片时单击某个图片出现相关内容，则可以制作一个触发动画，如图12-43所示。

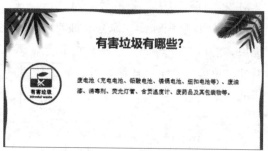

图 12-43

首先选择图片，在"图片工具"选项卡中单击"选择窗格"按钮，打开"选择窗格"，将"图片1"的名称更改为"有害垃圾图片"，如图12-44所示。

图 12-44

接着选择文本框，打开"动画"选项卡，为其添加"出现"动画效果，如图12-45所示。

图 12-45

在"动画"选项卡中单击"自定义动画"按钮，打开"自定义动画"窗格，选择"出现"动画选项，并单击右侧的下拉按钮，在弹出的列表中选择"计时"选项，如图12-46所示。

打开"出现"对话框，在"计时"选项卡中单击"触发器"按钮，然后选中"单击下列对象时启动效果"单选按钮，并在列表中选择"有害垃圾图片"选项，单击"确定"按钮即可，如图12-47所示。

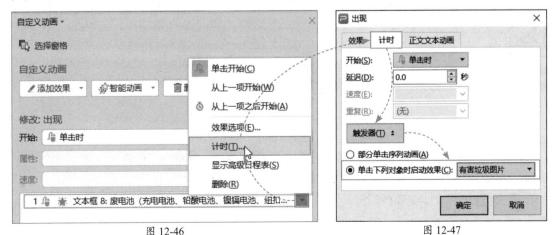

图 12-46　　　　　　　　　　　　　　　　图 12-47

案例实战：为消防安全知识培训添加动画

为了避免火灾的发生，以及了解在火灾中如何安全逃生，需要对消防安全方面的知识进行培训。下面就利用本章所学知识为消防安全知识培训添加动画，如图12-48所示。

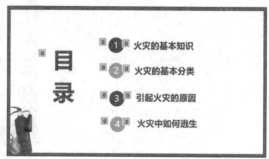
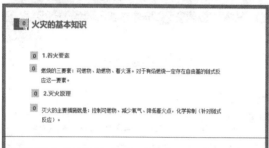

图 12-48

Step 01 为封面页添加动画。选择第一张幻灯片中的"消防车"图片，打开"动画"选项卡，为其添加"进入"选项下的"光速"动画效果，如图12-49所示。然后单击"自定义动画"按钮，打开"自定义动画"窗格，将"开始"设置为"之前"，将"速度"设置为"快速"，如图12-50所示。

图 12-49

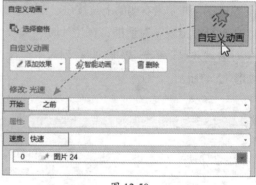

图 12-50

Step 02 选择"灭火器"图片，为其添加"进入"选项下的"飞入"动画效果，然后打开"自定义动画"窗格，将"开始"设置为"之后"，将"方向"设置为"自顶部"，将"速度"设置为"非常快"，如图12-51所示。

Step 03 选择文本框和椭圆形，为其添加"出现"动画效果，然后打开"自定义动画"窗格，将"开始"设置为"之后"，如图12-52所示。

图 12-51

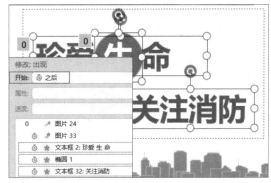
图 12-52

Step 04 选择椭圆形，打开"自定义动画"窗格，单击"添加效果"下拉按钮，在弹出的列表中选择"强调"选项下的"忽明忽暗"动画效果，如图12-53所示。然后将"开始"设置为"之后"，将"速度"设置为"非常快"，如图12-54所示。最后单击"预览效果"按钮，预览制作的封面页动画效果。

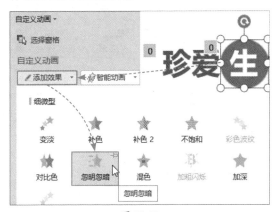
图 12-53

图 12-54

Step 05 为目录页添加动画。选择第二张幻灯片中的"目录"文本框，为其添加"进入"选项下的"切入"动画效果，打开"自定义动画"窗格，将"开始"设置为"之前"，将"方向"设置为"自左侧"，将"速度"设置为"非常快"，如图12-55所示。

Step 06 选择椭圆形，为其添加"进入"选项下的"轮子"动画效果，打开"自定义动画"窗格，将"开始"设置为"之后"，将"速度"设置为"非常快"，如图12-56所示。

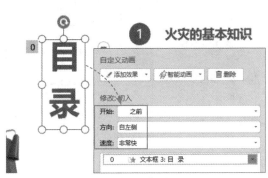
图 12-55

图 12-56

Step 07 选择文本框，为其添加"飞入"动画效果，打开"自定义动画"窗格，将"开始"设置为"之后"，将"方向"设置为"自右侧"，将"速度"设置为"非常快"，如图12-57所示。然后按照同样的方法，为剩余的椭圆和文本添加"轮子"和"飞入"动画效果，最后单击"预览效果"按钮，预览制作的目录页动画。

图 12-57

Step 08 为内容页添加动画。选择第3张幻灯片中的标题文本，为其添加"强调"选项下的"闪动"动画效果，然后打开"自定义动画"窗格，将"开始"设置为"之前"，将"速度"设置为"非常快"，如图12-58所示。

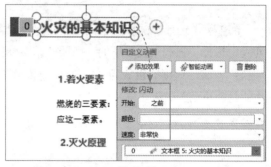

图 12-58

Step 09 选择文本框，为其添加"飞入"动画效果，打开"自定义动画"窗格，将"开始"设置为"之后"，将"方向"设置为"自左侧"，如图12-59所示。

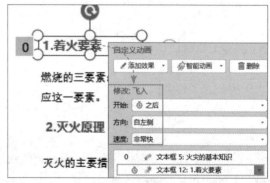

图 12-59

Step 10 选择正文内容，为其添加"进入"选项下的"颜色打字机"动画效果，然后在"自定义动画"窗格中，将"开始"设置为"之后"，将"速度"设置为"0.08秒"，如图12-60所示。按照同样的方法，为剩余的文本内容添加"飞入"和"颜色打字机"动画效果，最后单击"预览效果"按钮预览制作的内容页动画。

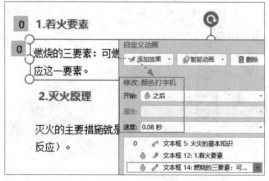

图 12-60

WPS Office办公软件应用标准教程（实战微课版）

Step 11 为结尾页添加动画。选择第7张
幻灯片中的两个文本框，为其添加"飞入"动
画效果，然后选择上方的文本框，在"自定义
动画"窗格中将"开始"设置为"之前"，将
"方向"设置为"自左侧"。接着选择下方的文
本框，将"开始"设置为"之前"，将"方向"
设置为"自右侧"，如图12-61所示。最后单击
"预览效果"按钮预览制作的结尾页动画。

图 12-61

Step 12 添加切换动画。选择第1张幻灯
片，打开"切换"选项卡，单击"其他"下拉
按钮，在弹出的列表中选择"推出"选项，如
图12-62所示。

图 12-62

Step 13 接着单击"效果选项"下拉按钮，
在弹出的列表中选择"向右"选项，如图12-63
所示。

图 12-63

Step 14 然后将"声音"设置为"推动"，
单击"应用到全部"按钮即可，如图12-64所示。

图 12-64

使用移动端WPS Office创建演示文稿后，用户可以在幻灯片中插入文本框、插入图片、插入形状等，下面详细介绍操作过程。

Step 01 使用移动端WPS Office创建一个空白演示文稿后，在其中新建一个空白幻灯片，在幻灯片下方点击"文本框"选项，即可在幻灯片中插入一个文本框，如图12-65所示。用户只需要双击文本框，就可以在文本框中输入文本内容。

Step 02 在幻灯片下方点击"图片"选项，弹出"插入图片"面板，选择"拍照"或"相册"选项，可以在幻灯片中插入拍摄的照片或相册中的图片，如图12-66所示。

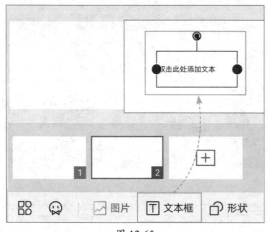

图 12-65

图 12-66

Step 03 在幻灯片下方点击"形状"选项，弹出一个"形状"面板，从中选择合适的形状，即可将所选形状插入到幻灯片中，在下方点击"添加文字"选项，可以在形状中输入文字内容，如图12-67所示。

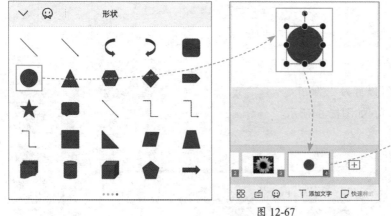

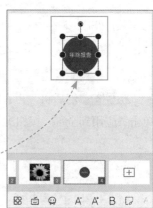

图 12-67

WPS

第13章

放映与输出演示文稿

制作完成演示文稿后就可以进行放映了，但在放映幻灯片之前需要对其放映方式、类型等进行设置。放映完成后用户还可以根据需要将幻灯片输出为指定格式的文件。本章将对幻灯片的放映和输出进行全面介绍。

S 13.1 放映幻灯片

在放映幻灯片之前，用户可以设置幻灯片的放映方式，还可以控制幻灯片的放映以及录制全程演讲。

▌13.1.1 设置放映方式

用户可以对幻灯片的放映类型、放映范围、换片方式等进行设置。在"幻灯片放映"选项卡中单击"设置放映方式"按钮，打开"设置放映方式"对话框，如图13-1所示。

1. 设置放映类型

在"放映类型"选项中主要包括演讲者放映（全屏幕）和展台自动循环放映（全屏幕）两种放映类型。用户可以根据需要选择合适的放映类型。

- **演讲者放映（全屏幕）：** 以全屏幕方式放映演示文稿，演讲者可以完全控制演示文稿的放映。
- **展台自动循环放映（全屏幕）：** 在该模式下，不需要专人控制即可自动放映演示文稿。不能手动放映幻灯片，但可以通过动作按钮、超链接进行切换。

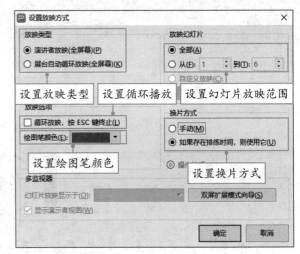

图 13-1

2. 设置循环播放

勾选"循环放映，按ESC键终止"复选框，可以循环播放幻灯片，直到用户按【Esc】键才退出放映模式。

3. 设置绘图笔颜色

用户单击"绘图笔颜色"右侧的下拉按钮，在弹出的列表中选择合适的颜色作为绘图笔颜色。

4. 设置幻灯片放映范围

选中"全部"单选按钮，可以将演示文稿内未隐藏的所有幻灯片放映出来。

选中"从…到…"单选按钮，并在右侧数值框中输入数字，可以放映用户定义范围内的幻灯片。

5. 设置换片方式

选中"手动"单选按钮，在放映过程中需要用户手动切换幻灯片。

选中"如果存在排练时间，则使用它"单选按钮，可以按照排练时间自动播放幻灯片。

WPS Office办公软件应用标准教程（实战微课版）

▎13.1.2 设置排练计时

为幻灯片设置排练计时，可以很好地控制放映节奏。在"幻灯片放映"选项卡中单击"排练计时"下拉按钮，在弹出的列表中可以根据需要选择排练全部幻灯片和排练当前幻灯片，如图13-2所示。自动进入放映模式，在幻灯片左上角会出现一个"预演"对话框，中间时间代表当前幻灯片放映所需时间，右边时间代表放映所有幻灯片累计所需时间，如图13-3所示。根据实际情况设置每张幻灯片的播放时间，设置好后会弹出一个对话框，单击"是"按钮，如图13-4所示，即可保留幻灯片排练时间。

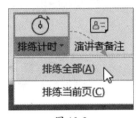

图 13-2

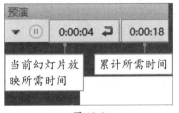

图 13-3

图 13-4

保留排练时间后自动进入"幻灯片浏览"视图，可以看到每张幻灯片放映所需的时间，如图13-5所示。

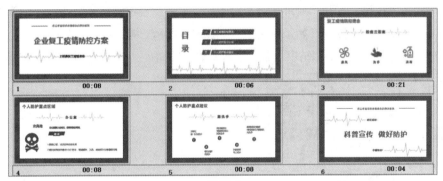

图 13-5

> **知识点拨**
>
> 如果用户想要删除排练计时，则需要打开"切换"选项卡，取消勾选"自动换片"复选框，然后单击"应用到全部"按钮。

▎13.1.3 自定义放映

如果用户不需要将所有幻灯片放映出来，则可以指定需要放映的幻灯片。在"幻灯片放映"选项卡中单击"自定义放映"按钮。打开"自定义放映"对话框，单击"新建"按钮，弹出打开"定义自定义放映"对话框，设置"幻灯片放映名称"，然后在"在演示文稿中的幻灯片"列表框中选择需要放映的幻灯片，单击"添加"按钮，将其添加到"在自定义放映中的幻灯片"列表框中，最后单击"确定"按钮，返回"自定义放映"对话框，单击"放映"按钮，如图13-6所示，即可放映自定义的幻灯片。

若用户想要删除自定义放映幻灯片，则在"自定义放映"对话框中选择幻灯片放映名称，然后单击"删除"按钮。

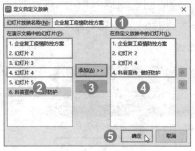

图 13-6

13.1.4 演讲实录

用户使用"演讲实录"功能，可以自制演讲视频并同步录音。在"幻灯片放映"选项卡中单击"演讲实录"按钮，打开"演讲实录"对话框，单击"自定义路径"选项，设置视频输出位置，单击"开始录制"按钮开始录制视频，如图13-7所示。录制好演讲后弹出一个对话框，提示正在进行演讲实录，单击"结束录制"按钮，如图13-8所示。最后单击退出录制即可。

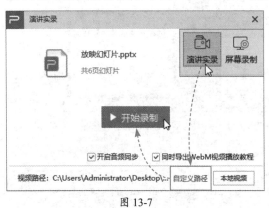

图 13-7

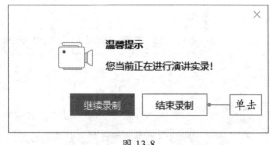

图 13-8

动手练 放映幻灯片时标记重点内容

扫码看视频

在演讲的过程中，如果用户需要对重点内容进行标记，则可以通过"圆珠笔""水彩笔"或"荧光笔"功能进行标记，如图13-9所示。

按【F5】键放映幻灯片后，在幻灯片页面右击，在弹出的列表中选择"指针选项"命令，然后选择"荧光笔"选项，如图13-10所示。拖动光标在需要标记的内容上进行标记，标记完成后按【Esc】键退出，放映结束后弹出一个对话框，询问用户是否保留墨迹注释，单击"保留"按钮则保留墨迹注释，单击"放弃"按钮则清除墨迹注释，如图13-11所示。

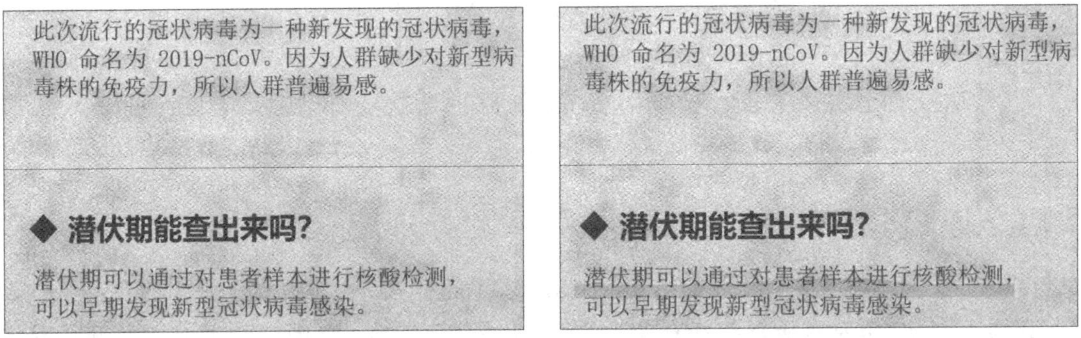

此次流行的冠状病毒为一种新发现的冠状病毒，WHO 命名为 2019-nCoV。因为人群缺少对新型病毒株的免疫力，所以人群普遍易感。
◆ 潜伏期能查出来吗？
潜伏期可以通过对患者样本进行核酸检测，可以早期发现新型冠状病毒感染。
此次流行的冠状病毒为一种新发现的冠状病毒，WHO 命名为 2019-nCoV。因为人群缺少对新型病毒株的免疫力，所以人群普遍易感。
◆ 潜伏期能查出来吗？
潜伏期可以通过对患者样本进行核酸检测，可以早期发现新型冠状病毒感染。

图 13-9

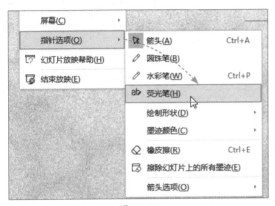

屏幕(C)
指针选项(O)
幻灯片放映帮助(H)
结束放映(E)
箭头(A) Ctrl+A
圆珠笔(B)
水彩笔(W) Ctrl+P
荧光笔(H)
绘制形状(D)
墨迹颜色(C)
橡皮擦(R) Ctrl+E
擦除幻灯片上的所有墨迹(E)
箭头选项(O)

图 13-10

◆ 哪些野生动物会携带冠状病毒？
很多野生动物都可能携带病原体，进而成为传播源。果子狸、蝙蝠、竹鼠、獾等是冠状病毒的常见宿主。
疫情防控宣传.pptx - WPS 演示
是否保留墨迹注释？
保留(K)
放弃(D)

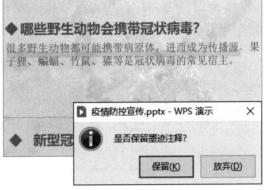

图 13-11

13.2 输出演示文稿

演示文稿制作完成后，用户可以根据需要将其输出为图片格式、视频格式或打包文件，最后将其打印出来。

13.2.1 将幻灯片输出成图片

如果用户需要将幻灯片输出成图片格式，则需要单击“文件”按钮，在弹出的列表中选择“输出为图片”选项，打开“输出为图片”窗格，从中设置“输出方式”“水印设置”“输出页数”“输出格式”“输出品质”和“输出目录”，单击“输出”按钮，如图13-12所示。登录账号后即可将幻灯片输出为图片。

文件
新建(N)
打开(O)
保存(S)
另存为(A)
输出为PDF(F)
输出为图片(G)
输出为图片
输出方式
逐页输出
合成长图
水印设置
输出页数
输出格式
输出品质
输出目录
JPG
众志成城 共抗疫情
输出

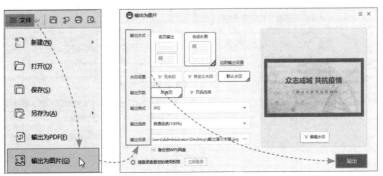

图 13-12

13.2.2 将幻灯片输出成视频

用户可以将演示文稿以视频的形式放映出来。单击"文件"按钮，在弹出的列表中选择"另存为"选项，并从其级联菜单中选择"输出为视频"选项，如图13-13所示。打开"另存为"对话框，设置视频的保存位置，单击"保存"按钮，弹出一个输出进度窗格，输出完成视频后单击"打开视频"或"打开所在文件夹"按钮，如图13-14所示，对视频进行查看。

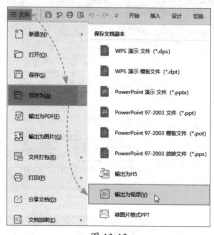

图 13-13   图 13-14

13.2.3 打包演示文稿

用户可以将演示文稿打包成文件夹或打包成压缩文件。单击"文件"按钮，在列表中选择"文件打包"选项，并从其级联菜单中选择"将演示文档打包成文件夹"选项或"将演示文档打包成压缩文件"选项，在弹出的"演示文件打包"对话框中进行相关设置即可，如图13-15所示。

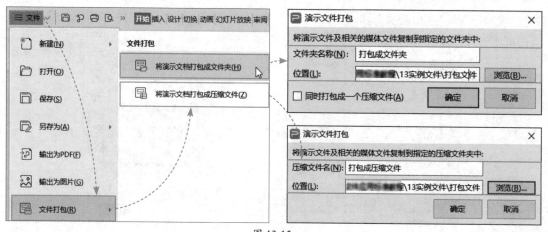

图 13-15

WPS Office办公软件应用标准教程（实战微课版）

13.2.4　打印幻灯片

用户除了输出演示文稿外，还可以打印演示文稿。在演示文稿上方单击"打印预览"按钮，进入"打印预览"界面，在该界面的上方设置"打印内容""纸张类型""份数""顺序""方式"等，设置完成后单击"直接打印"按钮，如图13-16所示，进行打印即可。

图 13-16

动手练 将幻灯片输出成PDF文件

用户除了可以将幻灯片输出为图片、视频格式，还可以将幻灯片输出为PDF格式，如图13-17所示。

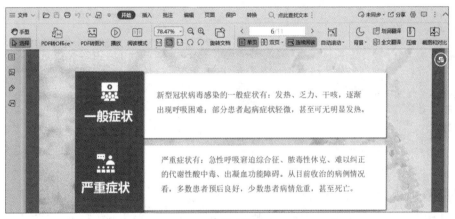

图 13-17

单击"文件"按钮，在弹出的列表中选择"输出为PDF"选项，打开"输出为PDF"窗格。

设置"输出范围""输出设置"和"保存目录"，单击"开始输出"按钮，输出成功后单击"打开文件"按钮，如图13-18所示，即可查看输出的PDF文件。

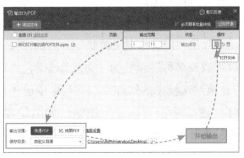

图 13-18

案例实战：放映与输出家乡宣传演示文稿

在进行家乡宣传演讲时，需要放映演示文稿，使用演示文稿辅助演讲，并且根据需要输出演示文稿。下面就利用本章所学知识，放映与输出家乡宣传演示文稿，如图13-19所示。

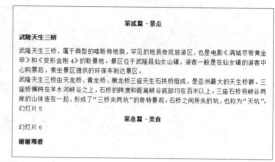

图 13-19

Step 01 从头开始放映。选择任意一张幻灯片，在"幻灯片放映"选项卡中单击"从头开始"按钮，即可从头开始放映幻灯片，如图13-20所示。

Step 02 从指定位置开始放映。选择一张幻灯片，在"幻灯片放映"选项卡中单击"从当前开始"按钮，即可从选择的幻灯片开始放映，如图13-21所示。

图 13-20

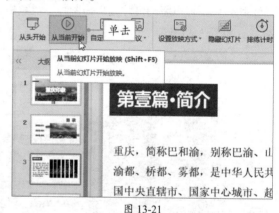

图 13-21

Step 03 放映第1、2、5张幻灯片。在"幻灯片放映"选项卡中单击"自定义放映"按钮，如图13-22所示。打开"自定义放映"对话框，单击"新建"按钮，如图13-23所示。弹出"定义自定义放映"对话框，将"幻灯片放映名称"设置为"重庆印象"，然后在"在演示文稿中的幻灯片"列表框中选择"幻灯片1"，单击"添加"按钮，如图13-24所示。将其添加到"在自定义放映中的幻灯片"列表框中。

图 13-22

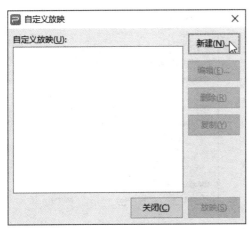

图 13-23

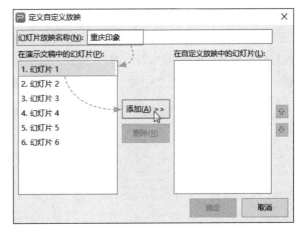

图 13-24

Step 04 按照同样的方法，将"幻灯片2"和"幻灯片5"添加到"在自定义放映中的幻灯片"列表框中，单击"确定"按钮，如图13-25所示。返回"自定义放映"对话框，单击"放映"按钮，如图13-26所示，即可放映第1、2、5张幻灯片。

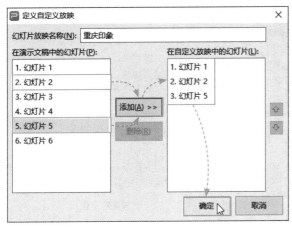

图 13-25

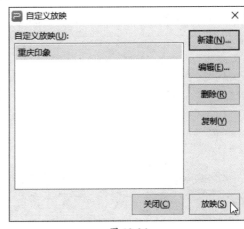

图 13-26

Step 05 输出为WPS文档。单击"文件"按钮，在弹出的列表中选择"另存为"选项，并从其级联菜单中选择"转为WPS文字文档"选项，如图13-27所示。

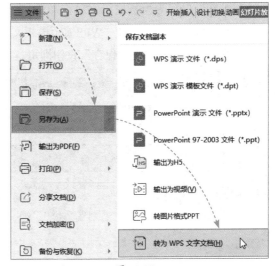

图 13-27

Step 06 打开"转为WPS文字文档"对话框，在"选择幻灯片"选项中选中"全部"单选按钮，在"转换后版式"选项中选中"按原幻灯片版式"单选按钮，在"转换内容包括"选项中勾选"文本"和"表格"复选框，单击"确定"按钮，如图13-28所示。

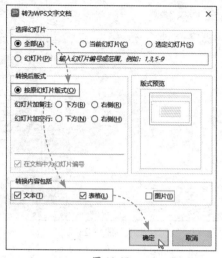

图 13-28

Step 07 打开"保存"对话框，选择保存位置后单击"保存"按钮，如图13-29所示。弹出"转为WPS文字文档"对话框，显示正在转换，转换完成后单击"打开文件"按钮，即可查看由全部的幻灯片转换成的WPS文档，如图13-30所示。

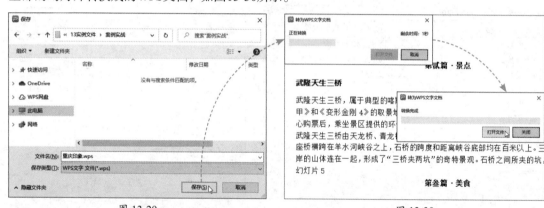

图 13-29

图 13-30

Step 08 保存为模板演示文稿。单击"文件"按钮，在弹出的列表中选择"另存为"选项，并从其级联菜单中选择"WPS演示模板文件"选项，如图13-31所示。打开"另存为"对话框，选择保存位置后单击"保存"按钮即可，如图13-32所示。

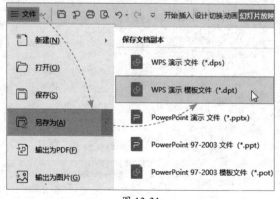

图 13-31

图 13-32

使用移动端WPS Office制作好演示文稿后，可以将其放映或输出，下面详细介绍操作过程。

Step 01 通过移动端WPS Office打开演示文稿后，在幻灯片左下方点击 ▦ 图标，弹出一个面板，选择"播放"选项卡，并选择"从首页"选项，如图13-33所示，即可从第一张幻灯片开始播放。

Step 02 在手机屏幕上使用手指左右滑动，播放下一张或上一张幻灯片，播放完成后在幻灯片页面点击一下，在弹出的工具栏上选择最右边的图标，如图13-34所示，即可结束放映。

图 13-33

图 13-34

Step 03 在面板中选择"文件"选项卡，然后选择"输出为PDF"选项，在弹出的界面中选择"原文"选项，点击"输出为PDF"按钮，如图13-35所示。登录账号后即可将幻灯片输出为PDF。

Step 04 在"文件"选项卡中选择"输出为图片"选项，弹出"选择输出图片方式"窗格，根据需要选择相应的选项，这里选择"逐页输出图片"选项，在弹出的界面中点击"分享"按钮，如图13-36所示。登录账号后，即可将幻灯片以图片形式分享给他人。

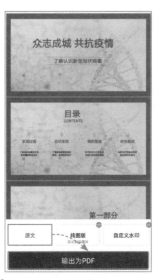

图 13-35

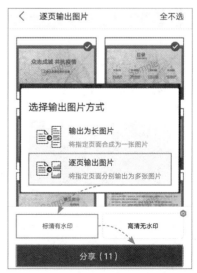

图 13-36

读书笔记